一类农作物病虫害
防控技术手册
（第二版）

农业农村部种植业管理司
全国农业技术推广服务中心　编

中国农业出版社
北京

FOREWORD 2
第二版前言

    2023年3月7日，农业农村部修订了《一类农作物病虫害名录》（中华人民共和国农业农村部公告 第654号），11月10日，将番茄潜叶蛾增补纳入《一类农作物病虫害名录》管理（中华人民共和国农业农村部公告 第723号）。和2020年发布的《一类农作物病虫害名录》相比，新增亚洲玉米螟、蔬菜蓟马、番茄潜叶蛾等3种害虫，新增玉米南方锈病、油菜菌核病和大豆根腐病等3种病害，新增褐家鼠1种害鼠，将马铃薯甲虫、苹果蠹蛾、柑橘黄龙病和梨火疫病等4种全国植物检疫性有害生物统一作为全国检疫对象，参照一类农作物病虫害管理。目前，我国《一类农作物病虫害名录》包括害虫11种、病害8种、鼠害1种，共20种，涉及作物主要为水稻、小麦、玉米、马铃薯、大豆、油菜和蔬菜。

    农作物病虫害防控是重要的稳产增产措施。一类农作物病虫害具有发生范围广、发生面积大、为害程度重等特点，对其有效控制是保障我国粮油生产安全、"菜篮子"保供安全以及农产品质量安全的重要举措。

    近年来，农业农村部组织全国农业农村部门和植保体系大力开展"虫口夺粮"保丰收行动，要求突出主要作物、重大病虫、重点区域，实行"一虫一策、一病一方"，抓早治小、分类指导、协同治理。2023年以来，农业农村部将粮油等主要作物大面积单产提升行动作为头号工程，要求拿出良田、良种、良法、良机、良制"五良"集成组装的综合性解决方案。这些行动都要求提供科学、精准、高效的病虫害防控技术方案。根据农业农村部种植业管理司安排部署，全国农业技术推广服务中心组织相关植保科研、教学和技术人员，针对新修订的《一类农作物病虫害名录》编写了本手册。本手册针对20种一类农作物病虫害的症状及形态特征、发生规律、防治技术、防治效果评价方法等内容进行了较为系统的介绍，并附有图片，可作为广大植保技术人员和农业生产从业人员开展一类农作物病虫害识别诊断、科学防控和防效评价等工作的参考用书。

由于编者知识水平有限，书中难免出现疏漏和偏颇之处，恳请读者批评指正。

编　者

2023 年 11 月

FOREWORD 1
第一版前言

　　2020年3月26日发布、2020年5月1日实施的《农作物病虫害防治条例》(中华人民共和国国务院令 第725号)将常年发生面积特别大或者可能给农业生产造成特别重大损失的农作物病虫害定义为一类农作物病虫害。根据《农作物病虫害防治条例》要求，2020年9月15日，农业农村部公布了《一类农作物病虫害名录》(中华人民共和国农业农村部公告 第333号)，将草地贪夜蛾、飞蝗(飞蝗和其他迁移性蝗虫)、草地螟、黏虫(东方黏虫和劳氏黏虫)、稻飞虱(褐飞虱和白背飞虱)、稻纵卷叶螟、二化螟、小麦蚜虫(荻草谷网蚜、禾谷缢管蚜和麦二叉蚜)、马铃薯甲虫、苹果蠹蛾、小麦条锈病、小麦赤霉病、稻瘟病、南方水稻黑条矮缩病、马铃薯晚疫病、柑橘黄龙病、梨火疫病(梨火疫病和亚洲梨火疫病)共10种害虫和7种病害定为一类农作物病虫害。这些病虫害(除马铃薯甲虫、苹果蠹蛾、柑橘黄龙病和梨火疫病4种检疫性病虫害之外)具有远距离迁移、跨区流行、突发暴发、致灾性强等特性，是我国农业生产尤其是粮食作物上发生范围广、发生面积大、为害程度重的病虫害，对其有效控制是保障我国粮食生产安全、农产品质量安全的重要措施。

　　当前，我国农业进入绿色高质量发展阶段，一方面，随着科学技术的快速发展，病虫害防治技术也在不断创新和进步，国家鼓励和支持使用生态治理、健康栽培、生物防治、物理防治等绿色防控技术防治农作物病虫害；另一方面，受耕作制度、气候、生产方式、农业投入品等诸多因素影响，一类农作物病虫害发生为害表现出新特点，防灾减灾难度不断增加，植保技术人员和农业生产从业人员迫切需要掌握和了解其发生为害新特点和绿色防控新技术，从而能够更精准、高效地预防和控制其发生和为害。为此，全国农业技术推广服务中心组织相关植保科研、教学和技术人员，编写了本手册。本手册针对17种一类农作物病虫害的症状及形态特征、发生规律、防治技术、防治效果评价方法等内容进行了较为系统的介绍，可作为广大植保技术人员和农业生产从业人员开展一类农作物病虫害识别诊断、防控和防效评价等工作的参考用书。

由于编者知识水平有限，书中难免出现疏漏和偏颇之处，恳请读者批评指正。

编　者

2021年8月

CONTENTS

目 录

稻飞虱

稻纵卷叶螟

二化螟

小麦蚜虫

亚洲玉米螟

蔬菜蓟马

番茄潜叶蛾

小麦条锈病

小麦赤霉病

稻瘟病

南方水稻黑条矮缩病 \\\\

玉米南方锈病 \\\\

马铃薯晚疫病 \\\\

油菜菌核病 \\\\

大豆根腐病 \\\\

褐家鼠

草地贪夜蛾

一、分布与为害

草地贪夜蛾［*Spodoptera frugiperda*（J.E.Smith）］属鳞翅目夜蛾科灰翅蛾属，俗称秋黏虫。多食性害虫，嗜食禾本科植物，入侵我国后主要为害玉米、甘蔗、高粱、谷子、小麦、薏米、水稻、花生、大豆、油菜、辣椒、甘蓝等。

草地贪夜蛾在我国的发生区域分为周年繁殖区、迁飞过渡区和重点防范区。周年繁殖区包括北纬28°（1月10℃等温线）以南的西南和华南地区，包括云南、广东、海南、广西4个省份以及福建、四川、贵州3个省份南部地区。迁飞过渡区指北纬28°—33°之间的长江流域和江淮地区，包括福建、四川、贵州3个省份北部，重庆、西藏、江西、湖南、湖北、浙江、上海7个省份，江苏和安徽中南部、陕西南部等地。重点防范区指北纬33°以北的黄淮海夏玉米区和北方春玉米区，包括江苏和安徽北部、陕西中北部，河南、山东、河北、北京、天津、山西、甘肃、宁夏、内蒙古、辽宁、吉林、黑龙江等省份。

草地贪夜蛾一至三龄幼虫多隐藏在玉米心叶内取食，形成半透明薄膜"窗孔"，四至六龄幼虫取食叶片后形成不规则的长形孔洞，造成叶片破烂状，甚至将整株玉米叶片食光，严重时可造成玉米生长点死亡、植株倒伏，影响叶片和果穗的正常发育。此外，高龄幼虫还钻蛀未抽出的玉米雄穗及幼嫩雌穗，或者直接取食玉米雄穗、花丝和果穗等，严重威胁玉米的产量和品质。有时幼虫会在茎基部钻蛀或切断玉米幼苗的茎，形成枯心苗。四至六龄幼虫期为暴食期，取食量占整个幼虫期取食量的80%以上，为害部位常见大量排泄的虫粪。

草地贪夜蛾为害玉米

1～2.为害玉米叶片　3.为害玉米雄穗　4.为害玉米雌穗　5.高龄幼虫造成不规则长型孔洞
6.低龄幼虫造成半透明薄膜状"窗孔"　7.生长点被咬断

二、形态特征

1.成虫　翅展32～40mm，前翅深棕色，后翅灰白色，边缘有窄褐色带。前翅中部各有一黄色不规则环状纹，其后为肾状纹。雄蛾前翅灰棕色，翅顶角向内各有一三角形白斑，环状纹后侧各有一浅色带自翅外缘至中室，肾状纹内侧各有一白色楔形纹。雌蛾前翅呈灰褐色或灰棕杂色，环形纹和肾形纹灰褐色，轮廓线黄褐色。

2. 卵 呈圆顶型，直径约0.4mm，高约0.3mm，通常100～200粒卵堆积成块状，卵块上有鳞毛覆盖，初产时为浅绿或白色，孵化前渐变为棕色。

3. 幼虫 共6龄，体色和体长随龄期而变化。低龄幼虫体色呈绿色或黄色，体长6～9mm，头呈黑色或橙色。高龄幼虫多呈棕色，也有黑色或绿色的个体存在，体长30～36mm，头部呈黑色、棕色或橙色，具白色或黄色倒Y形斑。幼虫体表有许多纵行条纹，背中线黄色，背中线两侧各有1条黄色纵条纹，黄色纵条纹外侧依次是黑色、黄色纵条纹。草地贪夜蛾幼虫最明显的特征是头部有淡黄色或白色的倒Y形纹，腹部末节背面有明显的、呈正方形排列的4个黑斑。

1 2 3

4 5 6

草地贪夜蛾形态特征
1.卵块　2.一龄幼虫　3.二龄幼虫　4.三龄幼虫　5.四龄幼虫
6.五龄幼虫　7.六龄幼虫　8.蛹　9.雄蛾　10.雌蛾

4. 蛹　老熟幼虫常在2～8cm深的土壤中做蛹室，蛹呈椭圆形，红棕色，长14～18mm，宽约4.5mm。

三、发生规律

我国周年繁殖区草地贪夜蛾1年可发生6～8代，是国内周年发生的虫源基地。草地贪夜蛾每年3月开始迁入长江以南地区，4—5月进入江淮、黄淮地区，6月迁至华北平原，7月迁入黄河以北地区，8月下旬以后陆续随季风回迁到华南地区。成虫主要在夜间羽化，并进行迁飞、取食、交配和产卵等活动。成虫具有趋光性，对绿光（500～565nm）、黄光（565～590nm）和白光行为选择性较强。初孵幼虫聚集为害，趋嫩性明显，可吐丝随风迁移扩散至周围植株的幼嫩部位或生长点。幼虫白天潜藏于植株心叶、茎秆或果穗内部、土壤表层，夜晚出来取食为害。

四、防治技术

华南及西南周年繁殖区重点防控境外迁入虫源，遏制当地虫源滋生繁殖，加强成虫诱杀，减少迁出虫源数量。江南江淮迁飞过渡区重点扑杀迁入种群，诱杀成虫，防治本地幼虫，压低过境虫源基数。黄淮海及北方重点防范区以保护玉米生产为重点，加强迁飞成虫监测，主攻低龄幼虫的防治。

1. 生态调控和天敌保护利用 草地贪夜蛾周年发生区和境外虫源早期迁入区重点强化生物多样性利用和生态调控等措施。有条件的地区，玉米与非禾本科作物间作套种，保护农田自然环境中的寄生性和捕食性天敌，发挥生物多样性的自然控制优势，促进可持续治理。

2. 种子处理 选择含有氯虫苯甲酰胺等成分的种衣剂，实施种子统一包衣，防治苗期草地贪夜蛾。

3. 诱杀成虫 成虫发生高峰期，采取性信息素、食诱剂等理化诱控措施，诱杀成虫，干扰交配，减少田间落卵量，压低发生基数，减轻为害损失。

4. 卵期和幼虫防治 抓住低龄幼虫防控的最佳时期，实施统防统治和联防联控。施药时间应选择清晨或者傍晚，重点对心叶、雄穗和雌穗等部位施药。防治指标：玉米苗期至小喇叭口期（7～11叶），为害株率≥5%；玉米心叶末期（或大喇叭口期），为害株率≥20%；玉米雌穗形成期，为害株率≥10%，或全生育期百株幼虫量高于10头。

（1）生物防治。于卵孵化初期，选用苏云金杆菌、球孢白僵菌、金龟子绿僵菌、多杀霉素、印楝素、甘蓝夜蛾核型多角体病毒等生物农药喷施，或者释放螟黄赤眼蜂、夜蛾黑卵蜂等寄生性天敌，或东亚小花蝽、益螨等捕食性天敌昆虫。

（2）化学防治。可选用已登记的或农业农村部推荐的草地贪夜蛾防治药剂品种，如甲氨基阿维菌素苯甲酸盐、氯虫苯甲酰胺、乙基多杀菌素、茚虫威、虱螨脲等，及时施药防治，注意轮换用药和安全用药。在重发期和高密度发生区，要轮换使用氯虫苯甲酰胺、乙基多杀菌素、虱螨脲等作用机理不同的药剂，每种药剂每季玉米使用尽量不超过1次；在西南、华南周年繁殖区，要控制乙基多杀菌素的使用次数，防止抗性上升。

五、调查方法

当灯诱或性诱见成虫时，开始田间调查，每5d调查1次，至作物成熟期结束。取样方法：玉米等稀植作物，抽雄前采用W形5点取样，抽雄后采用阶梯形5点取样，每点取10株；麦类等密植作物，全生育期采用W形5点取样，每点查0.2m²（行长50cm，宽40cm）。虫口密度低时，可适当增加调查植株数量或面积。

卵调查：仔细观察植株叶片正面、背面和与叶基部连接的茎秆等部位的卵块，重点调查玉米小喇叭口期倒3叶、倒4叶正面，吐丝期倒5叶、倒6叶背面。

幼虫调查：当查见新被害株时，剥查受害部位，地上部见被害株（如出现枯心苗）但未见虫时，还需挖查受害株附近10cm的土表层。

蛹调查：于幼虫六龄盛期后1周开始调查。每点调查1m²，挖查土表层（深约8cm）。

草地贪夜蛾田间取样方法示意图
1.W形　2.阶梯形

六、防治效果评价方法

采用虫口减退率评价防治效果，根据防治前、防治后的草地贪夜蛾幼虫活虫量，计算虫口减退率。

$$虫口减退率 = \frac{防治前活虫数量 - 防治后活虫数量}{防治前活虫数量} \times 100\%$$

$$防治效果 = \frac{处理区虫口减退率 - 对照区虫口减退率}{1 - 对照区虫口减退率} \times 100\%$$

飞　　蝗

一、分布与为害

飞蝗（*Locusta migratoria* Linnaeus）属直翅目蝗总科斑翅蝗科飞蝗属。飞蝗属有10个地理亚种，在我国存在3个地理亚种，分别为东亚飞蝗［*L. migratoria manilensis*（Meyen）］、亚洲飞蝗［*L. migratoria migratoria*（Linnaeus）］ 和西藏飞蝗（*L. migratoria tibetensis* Chen）。

东亚飞蝗主要为害玉米、小麦、高粱、水稻、谷子、芦苇等禾本科和一些莎草科植物的叶和茎，为害严重时可造成绝产。亚洲飞蝗主要为害禾本科和莎草科牧草，也为害玉米、大麦、小麦等农作物。西藏飞蝗主要为害玉米、青稞、小麦、芦苇、稗草、披碱草等禾本科植物叶片和茎秆。

飞蝗为害状

飞蝗具有暴发性、迁飞性和毁灭性特点，我国常年发生面积1 500万亩*次，是影响我国农业生产的重要害虫。飞蝗的地理分布范围受到地形、气候、土壤与植被的影响。东亚飞蝗主要分布在东部季风区，包括山东、河南、河北、陕西、安徽、天津、江苏、山西、海南、广西等省份，重点防控区域为环渤海湾蝗区、黄河中下游部分滩区、华北和黄淮内涝湖库区及华南、海南局部蝗区。亚洲飞蝗主要分布在新疆准格尔盆地、塔里木盆地的沿湖、沿河地区，以及东北地区沿湖、沿河以及沼泽苇草丛生地带，包括新疆、吉林、黑龙江等省份。西藏飞蝗主要分布在青藏高原，包括四川、西藏、青海等省份，重点防控区域为四川、西藏和青海的通天河、金沙江、雅砻江、雅鲁藏布江等河谷地带。

二、形态特征

飞蝗一生有3个虫态，即卵（包裹在卵囊中）、蝗蝻（若虫期）、成虫。飞蝗具有群居型、中间型（或过渡型）、散居型等3种变型，密度高时可以转变为群居型，密度低时则转变为散居型，两型的主要区别在于前胸背板的形态、前翅长度与后足股节长度的比例以及体色等。

（一）成虫

1. 东亚飞蝗 雄虫体长为32.4 ~ 48.1mm，雌虫体长为38.6 ~ 52.8mm。散居型体绿色或黄褐色，群居型体黑褐色，中间型体灰色。触角淡黄色，前胸背板马鞍形，中隆线明显，两侧常有暗色纵条纹。

2. 亚洲飞蝗 雄虫体长为36.1 ~ 46.4mm，雌虫体长为43.8 ~ 56.5mm。群居型体橙黄色或黑褐色，前胸背板背面具黑色纵纹，背板镶有狭波状的黄色边缘，中胸及后胸背板微凸；散居型体色常为绿色、黄绿色或淡褐色，前胸背板背面无黑色纵纹。

3. 西藏飞蝗 雄虫体长为25.2 ~ 32.8mm，雌虫体长为38.0 ~ 52.0mm。体黄褐色或绿色，复眼后方有1条较狭的黄色纵纹，其上、下常有褐色条纹镶嵌，前胸背板中隆线两侧常有暗色纵条纹，前翅散布明显暗色斑纹，后翅本色透明，近中部处在下隆线之上具一淡色

---

* 亩为非法定计量单位，15亩＝1hm²。全书同。

斑，后足胫节橘红色。

（二）卵

1. **东亚飞蝗**　卵囊圆柱形，略呈弧形弯曲，卵囊大而长，一般长45.0～62.9mm，宽6.0～8.9mm，无卵囊盖。卵粒与卵囊纵轴呈倾斜状，侧观为一排，其背腹观为4纵行规则排列。卵粒较直而略弯曲，中部较粗，向两端渐细，两端通常呈钝圆形。卵粒长2.5～7.0mm，宽1.1～1.8mm，卵粒黄色或黄褐色。

2. **亚洲飞蝗**　卵囊常呈长桶状，略弯曲，长50～75mm，含卵粒55～115粒，一般排成4排。卵囊上部及卵粒之间充满褐色或微红色的泡沫状物质。卵囊外壁质软，由褐玫瑰色的泡沫物质组成，并常附有土粒。卵粒黄褐色，长7～8mm，卵粒外壳有小突起，其间有细线相连。

3. **西藏飞蝗**　卵囊内卵粒4列，倾斜排列呈圆筒状，上端大约有1/3长的胶囊盖，每个卵囊含40～90粒卵。卵长椭圆形，中部略弯曲，长5mm左右，初产卵粒呈浅黄色，后逐渐变为红棕褐色，即将孵化时为褐色。

（三）蝗蝻

1. **东亚飞蝗**　一龄初孵化时颜色较浅，一段时间后颜色逐渐变深，呈灰褐色。触角13～14节，体长5～10mm。前胸背板背面稍向后拱出，后缘呈直线形。翅芽不明显，很难用肉眼看到。二龄黑灰色或黑色。触角18～19节，体长8～14mm。前胸背板向后拱，比一龄明显。翅芽小，用肉眼可见，翅尖向后延伸。三龄黑色，头部红褐色部分扩大。触角20～21节，体长15～21mm。前胸背板明显向后缘延伸，掩盖中胸背面，后缘呈钝角。翅芽明显，黑褐色，前翅芽狭长，后翅芽略呈三角形，翅脉明显，翅尖朝向后下方。四龄头部除复眼外全部红褐色。触角22～23节，体长16～26mm。前胸背板后缘多向后延伸，掩盖中胸和后胸背部。翅芽黑色，覆盖腹部第二节，前翅芽狭长，后翅呈三角形，翅脉明显。五龄红褐色。触角24～25节，体长26～40mm。前胸背板后缘明显向后延伸，掩盖中胸和后胸背部部分。翅芽大，覆盖腹部第四、五节。

2. **亚洲飞蝗**　一龄触角13～14节，体长7～10mm。群居型前胸背板背面具黑绒色纵纹，背板镶有狭波状的黄边，中胸及后胸背板微突。二龄触角15～17节，体长10～14mm。群居型前胸背板两条黑丝绒纹明显，散居型前胸背板无黑绒色纵纹。翅芽较明显，顶端指向下方。三龄触角22～23节，体长15～21mm。翅芽明显指向下方。四龄触角21～25节，体长24～26mm。前翅芽较短，后翅芽三角形，皆向上翻折后在外盖住翅芽。翅芽端部皆指向后方，其长度可达腹部第三节。五龄触角23～26节。雄蝻体长25～26mm，雌蝻体长32～40mm。翅芽较前胸背板长或等长，翅芽长度可达腹部第四、五节。群居型蝗蝻体色常为橙黄或黑褐色，散居型蝗蝻体色常为绿色、黄绿色或淡褐色。

　3. 西藏飞蝗　一龄体长7～8mm，体色为米白色或乳白色。翅芽很小或不见，前胸背板后缘近似直线。触角11～13节。二龄体长9～10mm，体色为米白色或乳白色。翅芽很小或不见，前胸背板后缘近似直线。触角14～15节。三龄体长12～13mm，体色为黑色或黑褐

密度低—散居型　　　　　　　　密度高—群居型

飞蝗形态（上：若虫；下：成虫）

色。翅芽明显，似三角形，后芽大前芽小，前胸背板后缘后突明显向后延伸并掩盖中胸背面部分。触角17～20节。四龄体长17～19mm，体色为浅绿色或黄绿色。翅芽达第一、二腹节，向背部靠拢，前胸背板后缘后突明显向后延伸并掩盖中胸背面部分。触角总长21～23节。五龄体长24～28mm，体色为浅绿色或绿色。翅芽达第四、五腹节，翅脉明显，前胸背板中隆线隆起，背板后缘呈三角形突出。触角24～26节。

三、发生规律

飞蝗完成1个世代大约2～3个月。一龄蝗蝻从土壤中的卵壳中孵化出土，再经过5次蜕皮，每次蜕皮进入下个龄期。蝗蝻有5个龄期，最后一次蜕皮羽化为成虫。东亚飞蝗成虫羽化后5～15d即可交配、产卵。东亚飞蝗1年发生2～4代，黄淮海流域2代，海南省等南部地区3～4代，黄淮海流域第一代为夏蝗，第二代为秋蝗，以卵在土中越冬。亚洲飞蝗1年发生1代，以卵在土中越冬，发生时期随年份不同和地区等环境条件的变化而有较大的差异，在新疆一般4月下旬至5月上旬孵化，6月中旬羽化，8月为产卵盛期，成虫可存活到9月。西藏飞蝗1年发生1代，以卵在土中越冬，金沙江流域4月中下旬开始孵化，7月上中旬开始羽化，8月中旬进入产卵期。

四、防治技术

1. **生态控制**　沿海蝗区采取蓄水育苇和种植苜蓿、紫穗槐、香花槐、棉花、冬枣等蝗虫非喜食植物，改造蝗虫滋生地，压减适生地面积。滨湖和内涝蝗区结合水位调节，采取造塘养鱼模式，改造生态环境，抑制蝗虫发生。河泛蝗区实行沟渠路林网化，改善滩区生产条件，做好垦荒种植和精耕细作，或利用滩区牧草资源，开发饲草种植和畜牧养殖，减少蝗虫滋生环境，降低其暴发频率。川藏西藏飞蝗发生区可种植沙棘，改造蝗虫滋生环境。

2. **生物防治**　主要在中低密度发生区和生态敏感区（包括湖库、水源保护区、自然保护区等禁止或限制使用化学农药的区域），优先使用蝗虫微孢子虫、金龟子绿僵菌等微生物农药，喷施苦参碱、印楝素等植物源农药。新疆等农牧交错区可采取牧鸡牧鸭、招引粉红椋鸟等进行防治。生态敏感区可降低防治指标，在二龄盛期采用生物防治措施。

3.化学防治　主要在高密度发生区采取化学药剂应急防治。可选用高氯·马、高效氯氰菊酯、马拉硫磷等农药。在集中连片面积大于 5km² 以上的区域，提倡进行飞机防治，推广精准定位施药技术和航空喷洒作业监管与计量系统，确保防治效果。在集中连片面积低于 5km² 的区域，可组织专业化防治服务组织，使用大型施药器械开展防治。重点推广超低容量喷雾技术，在芦苇、甘蔗、玉米等高秆作物田以及发生环境复杂区，应用烟雾机防治，应选在清晨或傍晚进行。对于地形复杂的丘陵、山区可使用植保无人机防治。化学防治时，应考虑条带间隔施药，留出合理的天敌避难区域。

五、调查方法

化学防治效果调查分别于施药前和施药后1d、3d各调查1次，生物防治效果调查分别于防治前和防治后7d、10d、15d各调查1次。采用对角线取样法进行调查，取样点数因调查面积大小确定，一般不少于5个，每点面积一般为5m²。以防治前蝗虫基数调查为参照，采取目测或扫网、样框的方法调查，查样点内所有蝗虫活虫的数量并记录。

六、防治效果评价方法

用虫口减退率来评价防治效果，根据防治前、防治后的活虫数量，计算虫口减退率。

$$虫口减退率 = \frac{防治前活虫数 - 防治后活虫数}{防治前活虫数} \times 100\%$$

草　地　螟

一、分布与为害

草地螟（*Loxostege sticticalis* Linnaeus）属鳞翅目螟蛾科，又称甜菜螟蛾、螺虫、罗网虫、扑灯蛾和打灯蛾等。主要分布在北纬36°—

55°的广阔地区，我国主要分布在东北、华北及西北。草地螟是一种多食性害虫，可为害50余科300多种植物，甜菜、豆类、向日葵、亚麻、大麻、马铃薯、蔬菜和瓜类等作物受害较重，大麦、小麦、玉米和高粱等单子叶作物受害相对较轻。大发生时，草地螟幼虫可将作物的叶片、茎秆甚至整株吃光，造成严重损失或毁种、绝产，大发生年份或世

草地螟为害甜菜植株

草地螟为害玉米

代会导致数十万至上千万亩的作物减产甚至绝收。

二、形态特征

1. 成虫　体长10～12mm，翅展20～26mm，灰褐色。触角线状。前翅灰褐色，翅边缘向内中央室内有1个较大的马蹄形黄白色斑，前翅顶角内侧前缘有淡黄条纹；后翅黑色，靠近翅基部较淡，沿外缘有两条黑色平行的波纹，静止时双翅折合成三角形。雌、雄成虫有明显的性二型：雄虫的个体较小，翅展18～20mm；而雌虫的个体较大，翅展20～26mm。雌虫前胸背板呈铁铲样，扁平宽大；而雄虫的前胸背板细

草地螟形态特征

1.成虫　2.卵　3.一龄幼虫　4.二龄幼虫　5.三龄幼虫　6.四龄幼虫　7.五龄幼虫　8.蛹

小，呈梭状。雌虫腹部宽而圆，末端生殖孔外露，较易识别。

2. 卵　卵成块或散产，多分布于叶背面。卵大小为（0.8 ～ 1.0）mm×（0.4 ～ 0.5）mm。初产时乳白色，略带光泽。25℃约1d以后即可变为黄色，常温条件下2d以后变为土黄色，3d即可变黑孵化。

3. 幼虫　幼虫有5龄，共蜕皮4次。一至三龄幼虫头宽0.75mm以下，体长小于9mm，淡黄色或黑色，分布于叶背面。前3龄幼虫的取食总量仅占幼虫期取食总量的30%，而四龄和五龄幼虫的摄食量达442mg，为幼虫期取食总量的70%，是幼虫的暴食期。幼虫头部黑色，有光泽，胸节有3条黄色纵纹，腹部各节有两对瘤状突起，分列于背线两侧，上面生有刚毛1根，基部黑色，外有同心黄白环；气门线上有2条黄色线条；头宽为1.1 ～ 1.4mm，体长为15 ～ 23mm。幼虫老熟后即停止取食，进入土内做茧化蛹。虫茧通常长30 ～ 40mm，最长的可达100mm，宽5 ～ 6mm，视虫体的大小而定。茧大多分布在1 ～ 5cm深的表土层内。虫茧垂直排列，开口向上，茧内虫体头部向上，当成虫羽化时，咬破茧口即可爬出。虫茧对于保护幼虫的化蛹、羽化以及抵御天敌、防止水分蒸发等均具有重要的作用。

4. 蛹　蛹为黄褐色，长15 ～ 20mm，复眼黑色，背部有褐色小点，排列在各节两侧，尾刺8根，雌蛹生殖孔在第八腹节上，纵裂，第十腹节腹面中央的纵裂缝为排泄孔，雄蛹生殖孔在第九腹节。刚形成时蛹色鲜黄，随着时间的延长，颜色逐渐加深，复眼也跟着变褐。将要羽化的蛹体变为灰褐色。

三、发生规律

1. 世代与年生活史　草地螟属全变态昆虫，一生经过卵、幼虫、蛹和成虫4个阶段。在21℃左右的实验条件下，草地螟完成1个世代约需52d。田间草地螟完成1个虫态或世代所需的时间主要受温度的影响。

自然环境中草地螟越冬幼虫于4月底至5月初开始化蛹，至5月中下旬陆续羽化为越冬代成虫。成虫在5—6月间产卵形成第一代，一代幼虫至7月下旬羽化为成虫，8月上旬产生二代幼虫，为害至9月上中旬，以滞育的老熟幼虫入土越冬。草地螟发生为害时期和世代数会因地区或年份不同而产生一些差异。

2. 发生世代与世代为害区划　草地螟在我国1年发生1 ～ 3代，根据气候特点和发生为害规律，可划分为：

（1）常发区。大致位于北纬40°—45°、东经111°—120°之间，包括内蒙古大部、山西及河北北部等地区。该区域草地螟年发生不完全3代，少数年份发生2代或3代。由于地形复杂，不同环境的小气候变化很大，世代重叠相对明显。草地螟发生为害时期为5—9月，主要为害世代为第一代，有的年份二代为害也相当严重。老熟幼虫于9月入土越冬，越冬范围及密度均较大。越冬场所主要为二代为害严重的田块。该区域是我国草地螟的主要越冬区和翌年的主要虫源地。

（2）重发区。为北纬41°—47°、东经120°—130°的东北平原，主要包括内蒙古东部、辽宁西北部和黑龙江、吉林等地区。该区域草地螟年发生不完全3代，少数年份发生2代或3代。该区气候适宜、雨量适中、作物单一、生长良好，草地螟一旦发生，便可造成严重危害。草地螟主要为害世代为第一代，为害时期为6—7月。由于7—8月气温较高，通常一代成虫很少在当地产卵为害，这是二代为害较轻的主要原因之一。1984年之前该区域很少或根本查不到草地螟的越冬幼虫，2000年以后草地螟的越冬年份、场所及越冬虫量有所增加。

（3）偶发区。为北纬34°—35°、东经85°—110°区域，主要包括宁夏、甘肃和陕西的大部分地区以及新疆部分地区。一般年份，草地螟为害不如上述两区严重。由于该区域地形复杂，不同环境的小气候变化较大，草地螟受局部地区气候和环境影响，发育世代不同，宁夏银川、陕西榆林、甘肃兰州和天水等地可发生2～3代，新疆阿勒泰和和田地区仅发生2代。

3. 迁飞规律 草地螟是一种迁飞性昆虫，具有很强的飞行能力。室内测定，成虫可连续飞行24h，最大飞行距离超过100km。自然条件下，成虫的迁飞距离为560～1 110km。成虫的飞行能力随蛾龄的增加而增加，产卵后会随产卵量和产卵天数的增加而显著下降。温度、补充营养及风等因素对草地螟迁飞能力的影响很大，若温湿度条件不适宜，成虫可再次迁飞。迁飞不仅使草地螟种群繁衍成为可能，还加剧了种群的暴发成灾。我国草地螟的主要迁飞路线有两条：越冬代（5—6月）成虫由华北向东北迁飞；而一代（8月）则由东北向华北迁飞。其中，第一条迁飞路线已被标记、释放、回收实验结果所证实。

4. 滞育与越冬规律 草地螟是一种兼性滞育昆虫。在秋季短光照的影响下，草地螟幼虫进入滞育状态，滞育的五龄幼虫（预蛹）是草地螟的唯一越冬虫态。一代或二代草地螟均可越冬。根据历年越冬虫源调查，我国草地螟的越冬区域可分为主要和次要越冬区。主要越冬区包括河北北部、山西北部、内蒙古中西部及相邻地区，次要越冬区包括黑龙江、吉林和辽宁的西部，内蒙古东部的呼伦贝尔市、兴安盟和通辽市等地区。

5.**幼虫转移为害与扩散规律**　草地螟幼虫的生长发育大多经过转移为害和扩散两个阶段，尤其是当幼虫密度较高时更为明显。转移为害是指幼虫在产卵寄主上取食为害至三龄后，从产卵寄主转移到临近没有受害的寄主植物，包括农作物上取食为害。扩散是指五龄幼虫在大发生或种群密度较高时，从为害场所向田边、田埂或道路群体扩散的现象。

6.**影响草地螟发生的关键因素**

（1）温湿度。

①对生长发育的影响。草地螟卵、幼虫、蛹、成虫及整个世代的发育起点温度依次为14.3℃、12.7℃、10.8℃、16.7℃和12.5℃，有效积温为30.4℃、190.7℃、158.3℃、96.7℃和531.2℃。在16～34℃条件下，卵、幼虫、蛹和成虫的发育速率均呈抛物线变化，即随温度的增加而加速，但增加到一定程度后又随温度的增加而趋缓或下降。草地螟的存活率与温度的关系十分密切，在21～30℃条件下，卵孵化率均在95%以上，超出这个温度范围孵化率明显下降。温度对幼虫、蛹存活与对卵的影响基本一致。成虫寿命随温度的升高而缩短，当温度<25℃时，雄蛾寿命比雌蛾长，当温度>25℃时，雄蛾寿命比雌蛾短。湿度对草地螟生长发育也有明显影响，在32℃和45%的相对湿度下，卵孵化率仅为20%，而在70%～100%相对湿度时，孵化率可达100%。湿度低于20%时，一龄幼虫不能成活，若湿度太高，五龄幼虫化蛹困难，并会大量死亡。

②对成虫交配产卵及发生为害程度的影响。温湿度对成虫产卵的影响十分显著，在16～34℃条件下，成虫产卵量22℃时最高（约300粒），超出这个温度范围，产卵量明显下降。温度对雄蛾交配能力有很大影响，在28℃和31.5℃条件下，只有15%和60%的雄蛾不能交配，32.5℃时，100%的雄蛾不能交配。适温条件下，随着湿度的增大雌蛾平均产卵量显著增加。温度偏低、相对湿度较大时，成虫产卵受到明显

的抑制，不孕率增高。湿度还会影响成虫对产卵寄主的选择，在正常条件下，成虫会选择灰菜等双子叶杂草产卵，当环境湿度较高时，成虫会选择大画眉草和狗尾草产卵。

草地螟的发生为害程度与温湿度的关系十分密切。研究分析我国草地螟大发生种群的成灾机理，结果表明，成虫种群量较大时，当成虫盛发期间的降水量10mm左右、气温20～22℃时，或温湿系数为4～5之间时，幼虫就会暴发成灾；但若此时温度过高或湿度较低，幼虫发生量会很少或者不发生为害。因此，把握成虫发生期间的温湿度变化，是预测草地螟发生为害区域及程度的关键依据。

（2）天敌。

①捕食性天敌。捕食草地螟的天敌种类有很多，如步甲、拟步甲、瓢虫、叩头虫、蚂蚁、胡蜂、蜘蛛等。其中以步甲的种类较多，分布较广，捕食功能较强的有赤背梳爪步甲（*Dolichus halensis* Schaller）、通缘步甲（*Pterostichus gebleri* Dejean）和中华广肩步甲 [*Calsoma* (*Campalita*) *chinensis* Kirby] 等。步甲可以捕食地面上的幼虫，也可捕食潜入土中做茧的幼虫或咬穿虫茧取食幼虫和蛹。我国尚未系统地评价捕食性天敌对草地螟的控害作用。

②寄生性天敌。寄生草地螟卵、幼虫和蛹的天敌种类很多，目前发现的卵寄生蜂有4种，均为赤眼蜂。我国发现的仅有暗黑赤眼蜂（*Trichogramma pintoi* Voegele）1种，其对草地螟卵的寄生率不到1%。幼虫和蛹期的寄生性天敌有茧蜂、姬蜂、寄生蝇。目前已知的茧蜂约有12种，如绿眼赛茧蜂 [*Zele chlorophthalmus* (Spinola)]、魏氏小模茧蜂（*Microtypus wesmaelii* Ratzeburg）、伏虎茧蜂（*Meteous rubens* Nees）、瘦怒茧蜂（*Orgilus ischnus* Marshall）、螟甲腹茧蜂（*Chelonus munakatae* Munakata）等。茧蜂主要寄生三龄前幼虫，寄主幼虫完成发育前茧蜂即可羽化，寄生率通常较高，是一类很有利用价值的寄生蜂。目前已知寄生草地螟的姬蜂种类有10种，如松毛虫黑胸姬蜂（*Hyposoter takagii* Matsumura）、野蚕黑瘤姬蜂（*Coccygomimus luctuosus* Smith）和草地螟阿格姬蜂 [*Agrypon flexorius* (Thunberg)] 等。姬蜂对草地螟幼虫的寄生率通常在10%左右，草地螟阿格姬蜂等主要寄生三龄后的幼虫，寄主发育到蛹期姬蜂才能完成发育。目前已知的寄生草地螟的寄生蝇种类有22种，优势种为双斑截尾寄蝇（*Nemorilla maculosa* Meigen）和伞裙

追寄蝇（*Exorista civilis* Rondani）等大卵生种类，主要寄生五龄幼虫，寄生率通常可达50%以上，是控制下代草地螟虫源基数的重要生物因子。目前，已经建立了这两种寄生蝇的室内繁殖技术。

③病原微生物。草地螟的病原微生物有真菌、病毒和微孢子虫等。白僵菌是感染我国草地螟的主要病原物，其主要感染在土中做茧的幼虫和蛹，偶尔也可感染在作物上取食的幼虫。以降水量较多的季节，洼地或湿度较大的地方较常见。其对草地螟虫茧的感染率通常在5%左右。

（3）寄主植物。不同寄主植物对草地螟的生长发育和种群增长具有显著的影响，草地螟对产卵和取食为害的寄主具有较明显的选择性。成虫主要选择藜科、菊科、伞形花科等双子叶杂草产卵，环境湿度较高时则选择单子叶杂草，如稗草、狗尾草和大画眉草产卵。草地螟对寄主植物的选择性形成了"先杂草后作物"或"先双子叶后单子叶植物"的规律。掌握草地螟田间发生为害规律，对于提高监测和防治效果具有重要的指导作用。

四、防治技术

1.农业防治

（1）除草防虫。利用草地螟喜欢在杂草上产卵为害的特点，清除田间及田边杂草，能有效降低田间幼虫密度，是防治草地螟行之有效的措施。掌握除草时间是该项技术能否取得成效的关键，成虫产卵高峰期来临前除草效果较好，应将铲除的杂草深埋或集中销毁，避免作物受害加重。

（2）耕翻耙犁压低虫源基数。草地螟虫茧常在土表1～5cm处，羽化孔向上。当虫茧受压、羽化孔受阻或土层加厚时，羽化的成虫不能顺利出茧，从而减少下代的虫源基数。因此，在受害严重的地块，秋后春前采用耕、翻、犁、耙、灌水等措施，可防止越冬代幼虫化蛹羽化，降低越冬代成活率。

2.生物防治　草地螟拥有大量的寄生性和捕食性天敌昆虫以及病原微生物，其中寄生蜂、寄生蝇等对草地螟的控制作用十分明显，注重保护利用当地寄生性和捕食性天敌资源，可将草地螟种群量控制在经济阈值水平之下。因此，保护和利用本地天敌是草地螟防治的重要措施之一。

3.物理防治　草地螟成虫具有很强的趋光性，可以利用杀虫灯等人工光源诱杀成虫。1盏黑光灯可控制和减轻100亩作物的受害程度，虫

口减退率在85%～90%。另外，性（引）诱剂等也可以用于诱杀成虫。

草地螟大发生时，为了阻止高龄幼虫从受害严重的草地或农田向未受害农田群体扩散转移，可使用挖沟的方法围堵幼虫。具体做法：在受害严重的地带或未受害的农田周围挖一条沟，沟深和宽均为33cm，长度视需要而定，上窄下宽形状的沟防虫作用更大。在沟内灌水或撒石灰，效果更佳。

4. 化学防治

（1）选择适宜的杀虫剂和剂型。草地螟幼虫对杀虫剂较为敏感，各类常规化学杀虫剂均可使用，应选用已经登记的低毒、低残留药剂品种和适宜的剂型。

（2）低龄幼虫期施药。药剂防治的最佳时期为幼虫三龄之前，此时幼虫个体小，为害集中，尚未扩散，用较少的杀虫剂就可以获得理想的防治效果。

五、调查方法

草地螟的调查分为越冬基数调查、雌蛾抱卵量调查、田间卵块和幼虫密度调查、残虫量及发育进度调查。

1. **越冬基数调查**　于土壤封冻前（10月上中旬）和翌年4月中旬，选择有代表性的二代草地螟幼虫为害的双子叶杂草密生的滩地或地埂2～3块，5点取样，每点面积1m^2，用铁锹挖取5cm表土，过筛检查虫茧，分实茧、空茧、被寄生茧、活虫茧，并计算出越冬基数及幼虫成活率。

2. **雌蛾抱卵量调查**　于蛾盛期每日调查1次灯下雌蛾的卵巢发育进度，每次查20头雌蛾，当日蛾量不足时全部调查。雌蛾卵巢发育分级标准为一级：卵未形成，不能分辨出卵粒，脂肪体多，乳白色；二级：卵粒可辨，能看到卵粒连接成串，但卵粒较小；三级：卵已成熟，卵粒颗颗可数，卵粒排列紧密，有成堆积累现象；四级：卵已部分产出或产完，腹腔内渐空或有少数卵粒。

3. **田间卵块和幼虫密度调查**　从5月中下旬开始，选择有代表性的地块2～3块，每3d调查1次，卵孵化盛期每天调查1次，每块地5点取样，甜菜、豆田每点查100株，马铃薯田每点查10株，亚麻等作物田每点查1m^2。

4. **残虫量及发育进度调查**　于7月下旬和9月底调查防治后的残虫

量和化蛹率，选择发生密度较高的地块3～5块，每块地取样5m²，先查地面和作物间的幼虫数，然后挖土筛查入土做茧和化蛹数，计算化蛹率及残虫成活率。

六、防治效果评价方法

防治效果评价方法包括校正虫口减退率、植株受害程度、校正累积虫日等。对害虫生物防治效果的评价方法通常参照化学防治的评价方法，以短期内害虫的死亡率为指标。

1. 根据植株受害程度或靶标害虫虫口变化进行评价　由于被杀死、被寄生、被捕食或被病原微生物侵染导致的目标害虫虫口数量减少，用Abbott 公式对虫口减退率进行校正：

$$防治效果 = \frac{处理区虫口减退率 - 对照区虫口减退率}{1 - 对照区虫口减退率} \times 100\%$$

或根据植株受害程度进行评价，评估的结果主要是防治措施的短期效应：

$$防治效果 = \frac{对照区累积虫日 - 处理区累积虫日}{对照区累积虫日} \times 100\%$$

2. 利用校正累积虫日评价　根据"虫日"和"累积虫日"作为害虫防治效果评价的一个指标，将害虫数量及其在作物上为害时间的乘积称为"虫日"，将所调查"虫日"之和称为"累积虫日"，直接以"累积虫日"数值评价防治结果。

$$防治效果 = \frac{对照区累积虫日 - 处理区累积虫日}{对照区累积虫日} \times 100\%$$

黏　　虫

一、分布与为害

黏虫属鳞翅目夜蛾科，俗称剃枝虫、五色虫、行军虫、粟夜盗虫、

黏虫为害小麦

黏虫为害水稻

黏虫为害玉米

天马、麦蚕、蟥虫等。主要发生在我国和亚洲其他国家、大洋洲等地区。发生在我国的主要是东方黏虫 [*Mythimna seperata*（Walker）]。黏虫是我国粮食作物的重要害虫，除新疆外，我国其他各地均有分布。黏虫为多食性害虫，可取食为害16科100多种植物，以为害水稻、小麦、玉米、高粱、粟（谷子）、甘蔗等禾本科作物和牧草为主，也可为害豆类、棉花、蔬菜等作物。黏虫主要取食植物的叶片，大发生时可将植株的叶片吃光，造成减产或绝收。幼虫还可以为害玉米和高粱的雄穗、花丝、幼嫩籽粒，麦穗和水稻枝穗，大发生时高龄幼虫还取食植株的茎秆及表皮。

二、形态特征

1. **成虫**　体长17～20mm，翅展36～45mm。全体淡黄褐至灰褐色，个别稍现红色，极罕见通体全黑的变异个体。前翅前缘和外缘颜色较深，内线不明显，常呈现数个小黑点。环形纹圆形，黄褐色，肾纹及亚肾纹淡黄色，分界不明显。前翅中央在中室下角处有1个小白点，两侧各有1个小黑点。外线为1条不连贯的黑色点状虚线，亚端线从翅尖向内斜伸，在翅尖后方和外缘附近呈1个灰褐色三角形暗影，端线由1列黑色小点组成。后翅暗褐色，基区色较浅，缘毛黄白色，反面灰白褐色，前缘及外缘色略深。腹部多为暗灰褐色，臀毛簇及腹部腹面为灰褐色。雌蛾腹部末端较雄蛾稍小，生殖孔边缘暗褐色，腹面中央有"1"字形裂口。雄蛾腹部末端较钝，其尾端向后压挤，可伸出1对鳃盖形的抱握器，抱握器顶端具一长刺，雌蛾腹部末端有一尖形的产卵器。

2. **卵**　半球形，直径0.5mm左右，表面有六角形网状纹，有光泽。初产时白色，渐变为黄色至褐色，孵化前黑色。成虫产卵时，分泌胶质将卵粒黏结在植物上排列成行，有时重叠形成卵块。

3. **幼虫**　幼虫共有6龄，各龄幼虫主要识别特征为：

（1）一至三龄幼虫。体长分别为3mm、7mm和9mm左右。头部均无花纹。初孵幼虫通常呈灰褐色，二至三龄幼虫取食干叶或花粉时，多为黄褐至灰褐色，或带暗红色。取食嫩叶时，身体大部分呈绿至灰绿色。一至二龄幼虫爬行姿势弓形，三龄幼虫爬行姿势稍呈弓形。

（2）四至六龄幼虫。体长约为15mm、24mm和38mm。高密度时

东方黏虫形态特征
1.成虫　2.卵　3.一龄幼虫　4.二龄幼虫　5.三龄幼虫
6.四龄幼虫　7.五龄幼虫　8.六龄幼虫　9.蛹

体色多呈黑色或灰黑色，低密度时淡黄褐色或淡黄绿色。头部为黄褐色至红褐色，头壳有暗褐色网状花纹，沿蜕裂线各有1条黑褐色纵纹，略似"八"字形。体背有5条纵线，背线白色较细，两侧各有2条黄褐色至黑色、上下镶有灰白色细线的粗纵纹。腹足基节有阔三角形的黄褐色或黑褐色斑，第一至八腹节两侧各有椭圆形气门1个，气门盖黑色。老熟幼虫在寄主根际附近1～3cm深的表土中蜕皮化蛹。

4. 蛹　体长约19mm，红褐色；腹部第五、六、七节背面近前缘处有横列的马蹄形刻点，中央刻点大而密，两侧渐稀；尾端具1对粗大的刺，刺的两旁各生有短而弯曲的细刺两对。

三、发生规律

1. 发生为害特点　黏虫是典型的暴发性远距离迁飞害虫，当虫源基数大、环境条件适宜时，就有可能引起下代黏虫大发生。温湿度、寄主植物、天敌等是影响黏虫田间发生动态的关键环境因子，长势好的作物、密植田及多肥、灌溉好的田块，均有利于黏虫大发生。

温湿度是影响黏虫种群消长、发生世代数量、为害时期、发育速度、交配产卵、存活以及各种行为习性的主要因素之一，决定其发生为害程度。黏虫发育与产卵的适宜温度在16～30℃之间，发育以偏向25℃最为适宜。成虫产卵最适温度为19～22℃。在相对湿度较高（90%）的条件下，当平均温度低于15℃或高于25℃时，成虫产卵数量明显减少。当温度为35℃时，任何湿度条件下成虫均不能产卵。湿度对黏虫产卵的影响也很显著，成虫在产卵最适温度（21℃）条件下，当相对湿度40.9%时，雌蛾平均产卵量19.5粒，且均不能孵化，当相对湿度84.7%时，雌蛾平均产卵量756.1粒，且孵化率很高；在25～32℃、相对湿度22%条件下，卵平均孵化率>90%。34℃时，无论湿度如何变化，卵孵化率均<30%；35℃时，幼虫在任何湿度下均不能成活；相对湿度18%时，幼虫即使在适温（23～30℃）条件下也无法存活；在34～35℃及高湿条件下，成虫可羽化但大多不能展翅。在25℃条件下，湿度越高，蛹的成活率越高。

食物营养也是影响黏虫种群数量的重要因子。黏虫幼虫在取食小麦、鸡脚草和芦苇等禾本科植物时，幼虫发育速度较快，成活率高，蛹重大，成虫繁殖力强；成虫羽化后必须补充营养才能完成迁飞和产卵繁殖的过程，因此补充营养对黏虫发生为害具有重要影响，是影响黏虫田间发生为害程度的重要因子。

天敌是控制黏虫发生的重要生态因素之一。黏虫的天敌类群有鸟类、两栖类、爬行类和蜘蛛、昆虫、病原微生物等，以蜘蛛、昆虫、病原微生物类群为主。

2. 发生世代及世代为害分区　黏虫无滞育特性，只要环境条件适宜，就可以继续生长、发育和繁殖。黏虫每年发生世代数及各世代的发生为害时期因地区或季节的不同而存在差异。除南方越冬和冬季为害世代的虫态历期较长外，各地主要为害世代历期的差异较小。在福建闽侯，越冬代、一代、二代、三代、四代、五代完成1个世代所需的时间依次为139.8d、52.7d、37.7d、36.3d、44.8d和72.1d；在北京，一代、二代和三代黏虫完成1个世代所需时间分别为50.9d、44.1d和46.7d。其中，福建一代和四代、北京3个世代所需的发育时间基本一致。我国黏虫的发生世代数从南向北或从低海拔至高海拔逐渐递减，发生为害时期则有逐步推迟的趋势。我国东部地区划分为5类发生区：

（1）2～3代区。约位于北纬39°以北，包括黑龙江、吉林、辽宁、内蒙古、河北东北部、山西中部和北部、山东东部等地区。全年发生2～3代，以第二（或三）代发生数量较多，6月中旬至7月上旬为二代幼虫盛发期，主要为害玉米、水稻、小麦、谷子、高粱等作物。三代于7—8月间多发，主要为害玉米、水稻和谷子等作物。

（2）3～4代区。约位于北纬36°—39°之间，包括山东西北部、河北中西部、山西东部、河南北部等地区。全年发生3～4代，以第三代发生数量最多，7—8月间为害谷子、玉米、高粱、水稻等作物。一般7月底至8月上中旬为卵和幼虫盛发期。

（3）4～5代区。约位于北纬33°—36°之间，包括江苏、安徽、上海、河南中部和南部、山东南部、湖北北部和西部等地区。全年发生4～5代，以第一代发生数量最多，于4—5月间为害麦类。4月下旬至5月上中旬是第一代幼虫盛发期。

（4）5～6代区。约位于北纬27°—33°之间，包括湖北中南部及湖南、江西、浙江等省大部分地区。全年发生5～6代，以第四（或五）代发生数量最多，主要于9—10月为害晚稻。局部地区第一代发生为害小麦，有的年份二代也为害早稻。

(5) 6～8代区。位于北纬27°以南，包括广东和广西南部、福建东南部、台湾等地区。全年发生6～8代，主要以越冬代于1—3月为害小麦或玉米幼苗。第五（或六、七）代于9—10月间为害晚稻。有的年份其他世代偶发，为害早稻。

我国西北、西南地区黏虫发生世代随着纬度与海拔高度的增加而递减，反之递增。在陕西省，陕南地区全年发生4～5代，关中地区全年发生3～4代，陕北地区全年发生2～3代。云南省全年发生6代，西部以二代黏虫多发，有些年份越冬代或四代黏虫也会多发。

3. 越冬规律 黏虫无滞育现象，耐寒力较弱。蛹是黏虫耐低温能力最强的虫态，其次为六龄幼虫。在平均温度≤0℃且持续30d以上的地区，黏虫越冬的可能性极小。我国黏虫的越冬区可大体上分为东部越冬区和西部越冬区：

(1) 东部越冬区。我国东部黏虫越冬北界位于北纬32°—34°之间，以1月0℃等温线为界。在此界线以北的华北、东北等地区，冬季日平均温度≤0℃的天数多在30～60d及以上，黏虫不能越冬；此界线以南，日平均温度≤0℃的天数少于30d，黏虫可越冬或繁殖为害。

(2) 西部越冬区。我国西北、西南地区，黏虫世代发生及越冬规律变化较大。在云南，黏虫的越冬规律可分为3种情况：6～8代、5～6代和纬度偏高的部分4～5代区，黏虫冬季仍可取食为害；4～5代和3～4代区的越冬黏虫多呈零星分布；2～3代和1代区黏虫不能越冬。在四川、贵州等省，除了在仅发生2～3个世代的高寒山区无法越冬外，其他地区一般有少量黏虫越冬。在甘肃和陕西，陕西秦岭至甘肃文县一线以北黏虫不能越冬，在以南的河谷低洼区虽可越冬，但虫口密度很低。

4. 迁飞为害规律 黏虫具有远距离迁飞为害特性，其迁飞直线距离最远为1 480km，大多为500km或1 000km。黏虫羽化后第1～2晚迁飞，日落前后起飞，飞行高度一般为200～900m，有时高达1 500m以上。当风速达16～26m/s（60～93km/h）时，一夜可迁飞480～744km。黏虫的迁飞多持续到天亮，一般历时7～12h，有时天亮后4h也会继续迁飞，并有降落后再起飞现象。黏虫迁飞要经过几次夜晚飞行、白天降落休息的昼夜节律，才能完成远距离迁飞的全过程。由于黏虫迁飞过程中有顺风运转的特性，因此黏虫的迁飞是多方向的。我国黏虫迁飞规律如下：

（1）我国东部黏虫迁飞规律。黏虫每年有4次较大规模的南北往返迁飞为害行为，包括2次北迁、2次南迁。

第一次北迁。每年2—4月，南方地区如广东、广西、福建、湖南、江西等地越冬代成虫向北迁飞到江淮流域繁殖为害，形成一代黏虫多发区，幼虫主要于4—5月间为害小麦，少数迁飞能力强的成虫继续迁飞到华北地区和东北地区，但数量较少。

第二次北迁。5月中下旬至6月上中旬，江淮流域一代黏虫在田间为害1代后，除少部分留在本地外，大部分成虫向北迁飞到东北（东三省和内蒙古东北部）和河北北部地区为害，形成二代黏虫多发区，幼虫主要于6月中下旬至7月上旬为害玉米、小麦和谷子等作物。

第一次回迁。二代黏虫成虫于7月中下旬向南回迁到华北地区繁殖为害，或二代黏虫羽化时遇适宜条件小部分回迁，大部分继续滞留在东北等地发生为害，形成三代黏虫多发区，幼虫于7月底至8月中下旬为害玉米、水稻等作物。

第二次回迁。三代黏虫于8月中下旬至9月中下旬从东北、华北等地向南回迁到长江以南或华南地区繁殖为害，幼虫于9—10月主要为害晚稻等作物。为害后可进入越冬或在华南地区继续生长发育，于翌年春季羽化后再向北迁飞。

（2）我国西部黏虫迁飞规律。我国西北、西南大部地区属二代黏虫多发区，虫源主要由江淮流域一代黏虫迁入。黏虫的越冬北界与东部地区纬度基本一致，但由于西部地区大多为高海拔山地，黏虫除水平迁飞外，还有不同海拔间的垂直迁飞活动。黏虫在云南省全年有5次迁飞活动，前3次向北，后2次为向南方向的不同纬度之间迁飞，也有不同海拔间垂直迁飞。东北二代黏虫7—8月回迁时，除向华北地区回迁外，还可向内蒙古中西部、宁夏中东部、陕西东南部等西北地区迁飞，造成西北局部地区多数年份三代幼虫严重为害。西北地区三代成虫可向西南地区回迁，8—9月西北地区黏虫可向云南、贵州、四川等西南地区迁飞越冬。

四、防治技术

根据全国不同地区黏虫发生为害规律，合理利用农业防治、生物防治、物理防治及化学防治等措施，创造有利于天敌繁衍而不利于黏虫发生的生态环境，将黏虫的危害控制在经济允许水平以下。实行"区域防治，治前控后，联防联控"以及"卵、幼虫和成虫协同防治"的防控策略。加强重点区域防控，如加强越冬区和一代多发区的防控，减少黏虫向二代、三代多发区迁入为害；加强二代、三代多发区的防控，减少其回迁为害。越冬区以农业防治、理化诱杀、生物防治为重点，实现黏虫可持续治理；一代多发区以理化诱杀、生物防治为重点，协同其他防治方法；二代、三代多发区以化学防治以及理化诱杀为重点，协同其他防治方法。

1. 农业防治

（1）除草防虫。黏虫卵期和低龄幼虫期及时除草和中耕培土，破坏黏虫产卵场所和幼虫食源，压低虫源基数，抑制黏虫集中发生为害。

（2）灌水灭蛹。南方水稻田春季结合绿肥翻耕灌水，北方玉米等旱地浅灌，降低黏虫化蛹率和成虫羽化率。

2. 物理防治

（1）性诱剂诱捕成虫。从成虫始发期至盛末期，设置黏虫性诱剂和诱捕器。每个诱捕器间距不小于50m，高度应高于作物冠层。及时更换诱芯，并清理诱捕器中的死虫。

（2）灯光诱杀成虫。从成虫始发期至盛末期，在田间设置杀虫灯（黑光灯）诱杀成虫，灯间距不小于100m，成虫发生期每天晚上开灯，次日清晨关灯。及时清理诱捕的成虫。

（3）糖醋液诱杀成虫。按40°～50°白酒125mL、水250mL、红糖375g、食醋500mL、90%晶体敌百虫3g的比例配制糖醋诱液，置于诱蛾器中，设置在田间诱杀成虫。每日黄昏前将诱剂皿盖打开，次日早上及时清除诱蛾器中的成虫。诱蛾器间距在500m以上，底部距地面1m。

（4）谷草把诱卵。成虫产卵初期至产卵盛末期，在田间插设谷（稻）草把，平均每亩10把，每3～5d更换一次，及时收集并销毁带有卵块的草把。

（5）挖沟封锁幼虫。幼虫群体迁移为害时，在受害田块边缘挖宽30cm、深20cm的沟，沟内撒施杀虫剂粉剂，或撒施15cm的药带（毒土）进行封锁，防止幼虫进一步扩散至其他作物田。

3. 生物防治

（1）天敌保护利用。田边和田埂种植芝麻、大豆、绿肥等蜜源植物，涵养天敌昆虫和蜘蛛等自然种群。释放寄生蜂（黏虫赤眼蜂、黑卵蜂、螟黄赤眼蜂、松毛虫赤眼蜂、姬蜂、茧蜂和绒茧蜂等）和寄生蝇（伞群追寄蝇、双斑截尾寄蝇等）等天敌，对黏虫有很好的防治作用。释放天敌后15d内禁止施用任何化学农药。在喷施药剂时，应选用对黏虫高效、对天敌安全的种类和施药方法。

（2）生物农药。黏虫卵孵化盛期和低龄幼虫期，采用微生物杀虫剂（苏云金杆菌、球孢白僵菌、金龟子绿僵菌等）、昆虫生长调节剂（灭幼脲等）、植物源杀虫剂（印楝素等）等进行防治，临近桑园的田块不能使用苏云金杆菌。

4. 化学防治

（1）准确测报。准确测报是确定黏虫防治适期和方法的关键，调查主要包括大区为害范围、为害程度、发生期和发生量等，两查两定，即查虫口密度定防治田块，查发育进度定防治适期。

（2）防治适期和防治指标。三龄幼虫为害前为防治关键期，集中连片地区普治重发生区。若防治失效或漏治，幼虫已达四至六龄时，选用触杀作用较强的药剂及时补治。施药时间一般为傍晚及早晨露水已干时。根据黏虫不同世代和为害作物，防治指标有所差异。

不同寄主植物和发生世代黏虫防治指标

作物	小麦、水稻	玉米、高粱		谷子
作物生育期	苗期/分蘖期至穗期	苗期	成株期	苗期至穗期
防治指标	10.0头/m²	10.0头/百株	50.0头/百株	5.0头/m²

注：其他作物或其他发生代次参考以上防治指标。

（3）药剂选择。药剂品种应选择已取得农药登记且防治对象包含黏虫的品种，比如40%溴酰·噻虫嗪、25g/L高效氯氟氰菊酯、200g/L氯虫苯甲酰胺、25g/L溴氰菊酯。农药用量、施用方法、使用次数以及安全间隔期等应遵守《农药合理使用准则》及药剂使用说明书的规定。

（4）施药方法。黏虫大面积集中迁入、种群密度高、连片为害时，采用农用无人机或自走式施药机械，发挥专业化服务组织的优势，开展统一防治，提高防治效果。局部为害区，采用手动喷雾器或机动喷雾机防治。

五、调查方法

1. **成虫诱测及雌蛾卵巢发育进度调查**　在常年适于成虫发生的场所，设置1台20W虫情测报灯，灯管下端与地面垂直距离为1.5m，每年更换一次灯管，放置地点要求四周无高大建筑物或树木遮蔽。也可在开阔且易受害作物田中设置性诱剂诱捕成虫，相邻诱捕器间距不小于50m，或选择离村庄稍远、比较空旷、容易受害的作物田设置诱蛾器，诱蛾器底部距离地面1m，且相邻诱蛾器间距不小于500m。记录诱蛾量，同时在盛蛾期隔日解剖检查一次雌蛾（20头）卵巢发育级别、各级数量和交尾情况，诱蛾量不足20头时需全部检查，黏虫卵巢发育进度采用5级分级法划分。

2. **卵量调查**　在一代黏虫发生区3月10日至4月20日，二代发生区5月25日至6月20日，三代发生区7月10日至8月10日，成虫始发期至盛末期，采用草把诱卵法进行诱卵调查，从插草把第一天起，每3d检查并更换一次草把，仔细清点卵块数；同时抽取10块卵，检查其卵粒数。记载单个卵块最多、最少和平均卵粒数。

3. **幼虫调查**　一代发生区自4月1日至暴食期止，二代发生区自6月1日至暴食期止，三代发生区自7月15日至暴食期止，四代发生区自晚秋世代成虫盛期至暴食期止，每3d调查一次。选取当地主要寄主作物田，固定1～3块为系统调查田。每块田棋盘式10点取样，小麦、谷子、水稻每点1m²，计录每平方米虫量；玉米、高粱每点10株，调查后折算为平均百株虫量。

六、防治效果评价方法

1. **调查方法、时间**

（1）调查方法。每小区5点取样，每点取1m²。密植作物于单行作物间铺白布，每行1m长，逐行拍打作物下部使黏虫幼虫振落于布面上，记录布面上及散落在地面上的活虫数；稀植作物直接计数作物上及调查点内的活虫数。

（2）调查时间。施药前调查虫口基数，施药后1、3、7d各调查一次，如有必要，可调查药后10～14d或更长，记录幼虫数量。

2. **药效计算方法**　依据如下公式计算药效：

$$虫口减退率 = \frac{施药前虫数 - 施药后虫数}{施药前虫数} \times 100\%$$

$$防治效果 = \frac{处理区虫口减退率 - 空白对照区虫口减退率}{1 - 空白对照区虫口减退率} \times 100\%$$

$$或防治效果 = \frac{1 - 空白对照区药前虫数 \times 处理区药后虫数}{空白对照区药后虫数 \times 处理区药前虫数} \times 100\%$$

稻　飞　虱

一、分布与为害

稻飞虱是为害水稻的褐飞虱 [*Nilaparvata lugens* (Stål)]、白背飞虱 [*Sogatella furcifera* (Horváth)] 和灰飞虱 [*Laodelphax striatellus* (Fallén)] 的统称，属半翅目飞虱科。

稻飞虱在我国分布广泛，其中，褐飞虱分布于除新疆、青海、内蒙古、黑龙江以外的各省份，包括东北南部、延安、兰州、川西及以南的区域，分布北界在磐石、盘锦、北京、延安、兰州、宝兴、察隅、藏南一线；白背飞虱和灰飞虱的分布更广，我国各省份均有分布。在3种稻飞虱的分布区中，只有田间虫量达到经济阈值，对水稻造成明显产量损失时才需要防治，因此，实际的防治区远小于分布区，且不同种类飞虱之间差异明显。

褐飞虱是发生为害最重的稻飞虱，常年在长江中下游及以南稻区发生为害，其他区域属偶发区，除局部地区个别年份外，一般不造成危害，无须防治。白背飞虱总体为害程度次于褐飞虱，主要在西南、长江中下游、华南等区域发生为害，其他地区偶发，一般不需防治。灰飞虱发生相对较轻，主要在黄淮、江南和东北南部稻区发生为害，其他地区偶发，一般无须防治。3种稻飞虱都可以传播水稻病毒病，对水稻造成更严重的产量损失。

　　稻飞虱对水稻的危害主要为两个方面。一是直接吸食水稻汁液，造成稻株营养成分和水分的丧失，严重时可导致严重减产，甚至失收。3种稻飞虱直接为害的症状有所不同（下图1～3），褐飞虱极易造成"虱烧"、"冒穿"等症状；白背飞虱常引起"黄塘"，但对部分感虫品种也可造成"冒穿"倒伏；灰飞虱则可能引起稻穗发黑、结实率下降等症状。二是传播多种水稻病毒病造成间接危害（下图4）。灰飞虱可传播水稻条纹叶枯病、水稻黑条矮缩病，危害甚至超过了其吸食稻株汁液的损失；白背飞虱传播南方水稻黑条矮缩病，曾在我国南方稻区大流行；褐飞虱可传播水稻锯齿叶矮缩病、水稻草丛状矮

3种稻飞虱为害水稻的典型症状
1.褐飞虱为害引起的"虱烧"倒伏　2.白背飞虱为害引起的"黄塘"
3.灰飞虱为害水稻穗部症状　4.白背飞虱传播的南方水稻黑条矮缩病症状

缩病等，严重威胁水稻生产。

稻飞虱吸食过程中还分泌大量富含营养的蜜露，覆盖在稻株上，极易滋生煤污病，出现稻叶或植株发黑，影响叶片正常的生理功能。成虫产卵时刺穿组织，造成大量伤口，亦为小球菌核病等病害的侵染提供有利条件。

二、形态特征

1. **成虫**　有长、短两种翅型，长翅型连翅体长3.3～4.8mm，短翅型体长2.0～3.5mm，雌虫一般大于雄虫。褐飞虱有深浅不一的体色（从黄褐色至黑褐色），白背飞虱和灰飞虱体色相对稳定。3种稻飞虱可依据头顶和额的形状、颊和中胸背板的颜色以及后足第1跗节小刺等形态特征进行识别。

3种稻飞虱成虫形态特征的比较

特征		褐飞虱		灰飞虱		白背飞虱	
		雌虫	雄虫	雌虫	雄虫	雌虫	雄虫
体长(mm)	长翅型	4.2～4.8	3.6～4.2	3.6～4.0	3.3～3.8	4.0～4.5	3.3～4.0
	短翅型	2.8～3.2	2.4～2.8	2.3～2.6	2.0～2.3	2.9～3.5	2.7～3.0
头顶		近方形，稍突出于复眼前方				近长方形，明显突出于复眼前方	
额		中部最宽				近端部（下部）1/3最宽	
颊		褐色至黑褐色		黑色		灰褐色	黑褐色
中胸背板		褐色至黑褐色		中部黄褐，两侧暗褐	黑色	中部黄白色，两侧黑褐色	
虫体背面	长翅型						
	短翅型						

（续）

特征	褐飞虱		灰飞虱		白背飞虱	
	雌虫	雄虫	雌虫	雄虫	雌虫	雄虫
后足第1跗节	外侧具小刺		外侧不具小刺			

2. **卵** 褐飞虱与灰飞虱卵粒的形态、产卵后留下的产卵痕都比较相似，不易区分，但与白背飞虱的形态差别较大，容易区分。褐飞虱呈香蕉状，产卵痕露出紧密相连的卵帽，露出的卵帽近似椭圆形；灰飞虱卵呈茄子状，产卵痕似褐飞虱；白背飞虱卵呈新月形，产卵痕为开放的裂缝，卵通常不外露，卵帽不相连，卵粒间相互分离。

3种稻飞虱的卵及产卵痕的比较

特征指标	褐飞虱	灰飞虱	白背飞虱
卵粒长×宽	1.04mm × 0.22mm	0.78mm × 0.21mm	0.8mm × 0.2mm
卵粒形态	香蕉状，卵帽相连	茄子状，卵帽相连	豆荚形，卵帽尖而分开
产卵痕形态	卵帽与植株间结合无缝，卵帽露出，椭圆形	裂缝状，卵帽多不外露	

3. **若虫** 若虫共5龄，不同龄期主要依据翅芽发育程度和体型大小进行判别，不同种类则依据体色、腹部背面斑纹等进行识别。

3种稻飞虱若虫的形态特征

龄期	褐飞虱	灰飞虱	白背飞虱
一龄	体长1.1 mm，灰褐至灰黑色；腹部节间膜和背中线黄白色，且第4、5节有浅色区，与后方腹中线呈T形浅斑	体长1.0 mm，灰白至淡黄色；腹背无斑纹，或有不明显的浅灰色横条纹	体长1.1 mm，灰褐至灰黑色；腹部背中线和节间膜灰白色，形成清晰的"丰"字形浅色斑纹
二龄	体长1.5 mm，体色同一龄，腹背T形斑因其色渐深而模糊；前翅芽稍向后突	体长1.2 mm，灰黄至灰白色，身体两侧颜色开始变深；前翅芽稍向后突	体长1.3 mm，淡灰至灰褐色；胸腹部背面具灰黑色斑纹；前翅芽稍向后突
三龄	体长2.4 mm，黄褐至黑褐色，腹部第3、4节背板各有1对较大的浅色斑，与背中线和节间膜排列成"山"字形，其他各节两侧缘有1～2个浅色斑。翅芽明显后突	体长1.5 mm，灰黄至黑褐色，腹背两侧缘色深，中间色浅，第3、4节背面各有1对淡色"八"字形斑，有的第6～8节背面中央具模糊的浅横带。翅芽明显后突	体长1.7 mm，腹部第3、4节各镶嵌有1对浅色大斑。深色型灰黑至黑褐色，背中线、节间膜及腹两侧斑纹黄白色；浅色型灰黄褐色，胸腹部背面散生灰黑色弧状斑。翅芽明显后突

（续）

龄期	褐飞虱	灰飞虱	白背飞虱
四龄	体长2.6mm，前翅芽伸达后胸后缘，其余同三龄	体长2.0mm，前翅芽伸达后胸后缘，其余同三龄	体长2.2mm，前翅芽伸达后胸后缘，其余同三龄
五龄	体长3.2mm，前翅芽伸达或超过后翅芽端部，其余同四龄	体长2.7mm，前翅芽伸达或超过后翅芽端部，其余同四龄	体长2.9mm，前翅芽伸达或超过后翅芽端部，其余同四龄

三、发生规律

褐飞虱和白背飞虱是典型的远距离迁飞害虫，灰飞虱在大多数地方都可越冬且可兼性迁飞。一年中3种稻飞虱的发生时间有所不同，在长江中下游稻区，前期以灰飞虱为主，主要为害早稻分蘖期；中期以白背飞虱为主，主要为害早稻穗期、单季中稻和晚稻分蘖期；后期以褐飞虱为主，主要为害晚稻、单季中稻。3种稻飞虱在田间稻丛中的垂直分布特征亦有差异，褐飞虱一般分布于稻丛基部，灰飞虱则喜分布于稻丛上部叶片、叶鞘或稻穗，白背飞虱居中。

1. 褐飞虱　年发生1～12代，由南往北代数递减，海南南部12代，吉林通化仅1代。除北纬21°以南地区可终年繁殖、北纬21°—25°之间少量零星越冬外，北纬25°（大致为1月12℃等温线）以北均不能越冬，每年虫源由南方迁飞而来。褐飞虱是一种逐代、逐区、呈季节性南北往返迁移的害虫，其迁移受我国东亚季风和作物生长季节变化同步制约。一般每年3月下旬至5月，随西南气流由中南半岛迁入两广南部发生区（北纬19°至北回归线），繁殖1～3代，于6月间早稻黄熟时随季风北迁，主降于南岭发生区（北回归线至北纬26°—28°），7月中旬至7月下旬南岭区域早稻黄熟收割，再北迁至长江流域及以北地区。9月中下旬至10月上旬，长江流域及以北地区水稻黄熟，产生大量长翅型成虫，随东北气流向西南回迁。外来虫源区，每年虫源迁入的迟早和数量对当地褐飞虱发生的迟早、世代数和发生程度有直接影响。

长翅型成虫为迁飞型，短翅型成虫为居留繁殖型，其产卵前期较长翅型短，繁殖力较强。食料条件、虫口密度是褐飞虱翅型分化的主要外部诱发因素。一般分蘖期和孕穗期水稻有利于短翅型的产生，黄熟期水稻有利于长翅型的产生；虫口密度过大会诱发长翅型比例增高。

成虫和若虫喜聚集在稻丛下部距水面20cm以内的茎秆上栖息和取食。成虫有强趋光性，20—23时扑灯多，对双色灯及金属卤化物灯的趋性较强。雌虫一般只交尾1次，而雄虫可多次交尾。26～28℃条件下，成虫寿命15～25d，产卵前期2～3d，卵期7～8d，若虫期12～14d。雌虫繁殖力强，多在下午产卵，产卵高峰期通常持续6～10d。每雌产卵200～700粒，多者超过1 000粒。

喜温喜湿，生长适温20～30℃，最适温26～28℃，适宜湿度在80%以上；盛夏不热、深秋不凉、夏秋多雨是该虫大发生的气候条件。肥水管理不当，如施氮肥过多导致叶片徒长、荫蔽度大的田间小气候有利于褐飞虱的大发生。

食料条件是影响褐飞虱发生的重要因素。水稻不同生育期因营养条件不同，不但影响褐飞虱翅型分化，还对其生长发育和繁殖力有较大影响，一般取食孕穗期水稻的褐飞虱若虫发育历期最短、繁殖力最高，取食秧苗期的反之。

水稻品种抗性对褐飞虱迁入后的发生起着关键的作用，抗性好的品种往往不需要采取其他防治措施就能有效防控褐飞虱，感虫甚至超感虫的品种即使大量使用化学农药褐飞虱仍可能大发生。然而，抗虫品种大面积种植一定时间后，褐飞虱致害能力易发生改变，使原本抗虫的品种变为感虫。目前我国大多数地区的褐飞虱对含抗虫基因$Bph1$、$bph2$的水稻品种均已有较强的致害能力，对含抗虫基因$Bph3$的水稻品种的致害能力亦明显上升，在抗虫品种的选用上应予以重视。

田间天敌对稻飞虱发生有很大的抑制作用。褐飞虱的天敌种类众多，卵期天敌主要有稻虱缨小蜂、黑肩绿盲蝽，若虫、成虫天敌有多种蜘蛛、螯蜂、捻翅虫、线虫、步甲、隐翅虫、尖钩宽黾蝽等。缨小蜂对卵的寄生率高达40%～70%，盲蝽捕食率亦可达47%～80%，线虫对其成虫寄生率甚至可超过90%。

2. **白背飞虱** 年发生1～12代，海南南部终年繁殖区1年发生11～12代，往北发生代数减少，东北1～3代。发生代数与不同纬度虫源迁入的迟早有关，与气候、水稻耕作制度和海拔等条件也有关。

越冬北界在1月10℃等温线，以南地区能零星越冬，海南南部等地可终年繁殖；以北地区不能越冬，初始虫源均系异地迁飞而来。同褐飞虱一样，白背飞虱也是一种逐代、逐区、呈季节性南北往返迁移的害虫，其迁移受我国东亚季风和作物生长的季节变化同步制约。一般每年3—8月随西南或偏南气流向北迁飞，间歇出现的西向气流可使该虫从东部地区迁入我国西部地区；分批次、逐代北迁，9—10月随东北或东向气流自北往南回迁。

成虫有强趋光性和趋嫩性。25～29℃下，卵历期6～9d，若虫历期10～15d，雌虫寿命约20d，雄虫约15d。雌虫产卵期一般10～19d，每雌产卵180～300粒，产卵部位随水稻生育期延迟而逐渐上移，分蘖期多产于稻茎下部叶鞘，孕穗期产于稻茎中部叶鞘，黄熟期则多产于倒1、2叶的叶鞘。

同褐飞虱一样，各地白背飞虱的发生程度与迁入的虫源数量密切相关，同时取决于当地的水稻生育期、品种抗虫性、水肥管理、气候、降水量和天敌数量等因素。若条件适宜，白背飞虱易迅速大量增殖，暴发成灾。

白背飞虱对温度的适应性比褐飞虱强，耐寒力强于褐飞虱，生长适温范围15～30℃，宽于褐飞虱，是其分布区域大于褐飞虱的主要原因。白背飞虱对湿度要求亦较高，适宜相对湿度80%～90%。白背飞虱主害代前期多雨、后期干旱是大发生的前兆，如长江中下游6—7月为大量产卵和繁殖期，若降水量较多，相对湿度85%～90%，则多为重发年份。水肥管理直接影响田间小气候，若水肥管理不当，稻苗贪青，不但吸引成虫产卵，还因植株茂密，田间荫蔽度高、湿度大，有利于白背飞虱的发生。

水稻不同生育期中，以分蘖盛期至孕穗抽穗期营养最适合白背飞虱存活，黄熟期则不适于其生存。品种抗虫性是影响白背飞虱大发生的关键因素，近年来，江浙单季晚粳稻对白背飞虱抗性普遍较好，白背飞虱发生明显较轻。

白背飞虱的天敌种类与褐飞虱相似，天敌是抑制该虫发生的重要因子。

3. 灰飞虱　东北的吉林年发生3～4代，华北地区4～5代，长江流域5～6代，福建6～8代，广东、广西、云南7～11代，除7～11代区南部无越冬现象外，其他地区均以若虫在本地越冬，以三至四龄若虫（少量二龄和五龄若虫）在麦田、紫云英或沟边杂草上越冬。越冬期间一般不蜕皮，以休眠或滞育方式越冬，可微弱活动，当气温高于5℃时，能爬到寄主上取食，早春旬平均气温10℃左右开始羽化，12℃左右达羽化高峰。我国华东地区，冬季11月开始越冬，翌年3月结束越冬。灰飞虱有兼性迁飞特性，每年的虫源既可来自本地，也有外地迁入。据观察，浙江、江苏等地灰飞虱第一代成虫既有本地转移，也有远距离迁入。

灰飞虱一年内有明显的季节性寄主转移现象。华东地区，夏季5—6月从越冬寄主麦类向夏寄主水稻、玉米上转移，而秋季9—10月又从夏寄主水稻向越冬寄主迁飞转移。全年的种群密度常年以麦田第一代和稻田第五代为最高，此时正是全年传播水稻、玉米、麦类多种病毒病害的关键时期。

灰飞虱在稻田出现远早于褐飞虱、白背飞虱。华北稻区越冬若虫4月中旬至5月中旬羽化，在迟嫩麦田繁殖1代后迁入水稻秧田和直播本田、早栽本田或玉米田，6—7月大量迁入本田为害，9月初水稻抽穗期至乳熟期第四代若虫数量最大，为害最重。南方稻区越冬若虫3月中旬至4月中旬羽化，以5—6月早稻中期发生较多。

灰飞虱长翅型成虫有趋光性，但比褐飞虱弱。成虫有明显的趋嫩性，凡早播早栽、氮肥多、生长嫩绿茂密的稻田虫口密度高。灰飞虱在田间喜通透性良好的环境，栖息于植株较高的部位，并常向田边聚集。成虫翅型呈季节性变化，越冬代多为短翅型，其余各代以长翅型居多，雄虫除越冬代外几乎全为长翅型。

卵历期最短5～7d，若虫期最短13～16d，雌虫产卵前期4～8d。雌虫一般产卵数十粒，越冬代产卵较多，平均可产200多粒，最多达500多粒。卵产于植株组织中，喜在嫩绿、高大茂密的植株上产卵，每个卵块多含5～6粒卵。

灰飞虱有较强的耐寒能力，但高温适应性差，生长发育最适温度23℃，超过30℃，发育速率延缓、死亡率高、成虫寿命缩短。在长江中下游，夏季高温是灰飞虱发生的限制因子；华北稻区夏季极少出现平均超过30℃以上的高温，无高温限制因子，其发生量与7—9月的降水量关系密切，降水量少，短翅型雌虫大量增加，有利于大发生。

麦田（特别是小麦田）面积大的地区，由于食料丰富，繁殖量大，迁入稻田的虫口基数一般较高。在小麦与单季中晚稻连作地区，或冬小麦—双季稻和单季中晚稻混栽区，因寄主条件适宜，有利于灰飞虱的发生。施用氮肥过多，稀播稀植，小株或单株插秧，稻苗生长嫩绿，分蘖多，易诱集成虫产卵并导致病毒病流行。

天敌对该虫抑制作用较强，天敌主要种类同褐飞虱和白背飞虱，以螯蜂、线虫、稻虱缨小蜂的抑制作用相对较大。此外，还发现可捕食低龄若虫的捕食螨。

四、防治技术

优先采用农业防治、物理防治措施，充分发挥稻田生态系统的自然控害能力，在此基础上，通过合理用药实现对稻飞虱的有效防控。

1. **农业防治**　各稻区因地制宜采取农业防治措施：①选用抗（耐）虫水稻品种，通过合理进行肥水管理培育健康水稻，提高水稻植株抵抗稻飞虱的能力。②稻田周边和田埂保留禾本科功能性杂草，种植显花植物，保护自然天敌，提高稻田生态系统对稻飞虱的系统抗性。③适当调节水稻播种期，如江苏稻麦轮作区适当推迟单季晚稻的播种期，显著减少麦田迁入稻田的灰飞虱量及其传播的病毒病发病率。

2. **物理防治**　稻飞虱传播的病毒病流行地区，用防虫网或无纺布覆盖秧田，可以防虫并阻止飞虱传毒。

3. **化学防治**

（1）防治指标。根据水稻品种类型和虫情，可采用达标防治和控制主害代的策略。稻飞虱具有突发性，化学防治是重要的应急措施，但不能见虫就打药，仅对达到防治指标的田块进行防治。由于各地栽培制度、品种类型、水稻生育期不同，防治指标不尽相同。一般水稻前中期防治指标从严，后期适当从宽，各类单季中晚稻和连作晚稻拔节孕穗期至穗期，当田间短翅雌虫虫量较高时从严。在5%经济允许损失水平下，防治指标为分蘖期1 000头/百丛，穗期1 500头/百丛。

（2）药剂选择原则。一是选用低毒、高效、安全的药剂，后期应低残留。按照药剂速效性和持效期不同，常用的防治褐飞虱药剂可分为3类：第一类为触杀性药剂，杀虫作用快、持效期短，如敌敌畏等有机磷类农药，异丙威、仲丁威等氨基甲酸酯类农药，醚菊酯等醚结构农药。第二类为持效期长、杀虫作用较缓慢的品种，如噻嗪酮、吡蚜酮等。第三类兼具较好速杀性和较长持效期，如烯啶虫胺、呋虫胺、三氟苯嘧啶等。在实行压前控后策略的稻田，水稻前期应选用第二、三类持效期较长的药剂，同时避免使用对天敌毒性较大或对褐飞虱有刺激作用的药剂，如敌敌畏、毒死蜱、异丙威等，兼治其他害虫时避免使用三唑磷、拟除虫菊酯类、甲氨基阿维菌素苯甲酸盐、阿维菌素等药剂，减少后期防治压力。防治主害代，选用第三类药剂或选用第一、二类药剂的复配剂或混用，可迅速压低虫口基数，并保持一定的持效期，控制残存虫口。

二是严格限制使用稻飞虱抗药性较突出的农药品种，实行无交互抗性品种间的合理轮用或混用。目前，褐飞虱对吡虫啉、噻虫嗪、噻嗪酮等药剂产生高水平抗性，对呋虫胺、吡蚜酮为中等至高水平抗性，对毒死蜱为中等水平抗性，对烯啶虫胺、氟啶虫胺腈为低至中等水平抗性，对三氟苯嘧啶为敏感至中等水平抗性。由于白背飞虱和褐飞虱常混合发生，因此，应停止使用噻嗪酮防治飞虱；严格限制吡虫啉、噻虫嗪、呋虫胺、三氟苯嘧啶、烯啶虫胺、氟啶虫胺腈、毒死蜱的使用次数，每种药剂每季水稻使用不超过1次；轮换使用烯啶虫胺、呋虫胺、氟啶虫胺腈等作用机理不同的药剂，延缓抗药性发展，避免防治失效。

（3）施药方法。药剂防治适期为若虫一至三龄高峰期，将药液喷到稻丛基部稻飞虱栖息部位。

一是喷雾或泼浇。选择担架式喷雾器或机动高压喷雾器，施药时田间应保持3～5cm浅水层，用足水量，一般分蘖期每亩对水30kg，拔节期以后水稻群体大，每亩对水45～60kg，粗雾喷射于水稻基部，亦可大水量（每亩200～300kg）泼浇，确保药剂到达稻丛基部。

二是撒施毒土。水稻后期田间缺水或遇干旱时，可用撒施毒土熏蒸的办法。每亩选用80%敌敌畏乳油120～150mL，可先用少量水稀释药剂，与15～20kg干燥的细土或细沙混拌，制成毒土，均匀撒于稻丛基部。

五、调查方法

1. **田间虫量** 每隔5d调查1次，用于掌握秧田、本田的成虫和高龄、低龄若虫发生动态。秧田调查仅在常年秧田发生量较大的地区进行，采用目测法或扫网法随机取样，每块田10个点。本田调查在水稻移栽后，采用平行跳跃法取样，每块田查25～50丛或50丛以上。

2. **田间卵量** 掌握秧田和本田的卵量、卵发育进度及被寄生情况。秧田采用棋盘式10点取样，每点10株。本田采用平行跳跃法10点取样，每点2～5丛，每丛拔取1株分蘖，带回室内镜检。

3. **大田虫情普查** 掌握面上稻飞虱发生情况。于主害代前1代二龄、三龄若虫盛及主害代防治前、防治后10d，采用平行跳跃法取样，每块田查5～10点，每点查2丛。

4. **为害情况调查** 稻飞虱主害代为害稳定期，采用大面积目测巡视法，调查区内"冒穿"、"黄塘"或"虱烧"等出现的田块数和面积，折算净受害面积。计算调查区受害田块和面积的百分比，估算产量损失。

六、防治效果评价方法

调查田采用5点取样法，每点调查10～20丛水稻，分别于药前、药后7d和14d调查稻飞虱虫量，计算校正减退率（校正防效）。

$$虫口减退率 = \frac{防治前虫量 - 防治后虫量}{防治前虫量} \times 100\%$$

$$校正减退率 = \frac{防治区虫口减退率 - 对照区虫口减退率}{1 - 对照区虫口减退率} \times 100\%$$

稻 纵 卷 叶 螟

一、分布与为害

稻纵卷叶螟[*Cnaphalocrocis medinalis* (Guenée)] 属鳞翅目草螟科

纵卷叶野螟属，俗称卷叶虫、刮青虫、白叶虫等。分布于我国各稻区，北起黑龙江、内蒙古，南至台湾、海南，以南方稻区为害严重。主要为害水稻叶片，初孵幼虫先从叶尖沿叶脉来回爬动，大部分钻入心叶，导致心叶出现针尖大小的白色透明点，很少结苞，也有少数在叶边缘吐丝卷叶，但吐丝范围小，不转叶为害。二龄幼虫开始常在叶尖卷成小卷苞，为"卷尖期"，为害处呈透明白条状，仍不转叶为害。三龄幼虫后期开始转叶为害，一般在黄昏19—20时及凌晨4—5时转移，虫苞多为单叶管状。四龄幼虫转叶频繁，虫苞上形成白色长条状大斑。五龄幼虫纵卷整片叶，藏于苞内取食叶片上表皮及叶肉，仅留白色下表皮，造成叶片刮白。

稻纵卷叶螟为害状

二、形态特征

1. **成虫** 体长7～9mm，翅展12～18mm。翅为黄褐色，前、后翅外缘有黑褐色宽边，前翅前缘暗褐色，有内、中、外3条黑褐色横纹，中横纹短，不达后缘。雄蛾前翅中横纹前端有1黑色瘤状纹，前足跗节基部有1丛黑毛。雄蛾停息时尾部常上翘，雌蛾则尾部平直。

2. **卵** 近椭圆形，长约1mm，扁平，中央稍隆起，卵壳表面有网状纹。

3. **幼虫** 体形细长，圆筒形，略扁。共5龄，个别6龄。一龄幼虫体长约2mm，头黑色，体淡黄绿色，前胸背板中央黑点不明显。二龄幼虫体长约3mm，头淡褐色，体黄绿色，前胸背板前缘和后缘中部各出现2个黑点，中胸背板隐约可见2个毛片。三龄幼虫体长约6mm，头褐色，体草绿色，前胸背板后缘2个黑点转变为2个三角形黑斑，中、后胸背面斑纹清晰可见，尤以中胸更为明显。四龄幼虫体长约9mm，头暗褐色，体绿色，前胸背板前缘2个黑点两侧出现许多小黑点，连成括号形，中、后胸背面斑纹黑褐色。五龄幼虫体长14～19mm，头褐色，体绿色至黄绿色。老熟幼虫橘红色，前胸背板淡褐色，上有1对黑褐色斑纹。中、后胸背面各有8个毛片，分成两排。

4. **蛹** 体长7～10mm，长圆筒形，臀棘具8根钩刺，初为淡黄色，后为红棕色至褐色。

稻纵卷叶螟卵

稻纵卷叶螟成虫（左：雌；右：雄）

稻纵卷叶螟幼虫（左：低龄；右：高龄）　　稻纵卷叶螟蛹（左：雌；右：雄）

三、发生规律

稻纵卷叶螟在我国各地的发生世代随着纬度的升高从南向北顺次递减。海南陵水县1年发生10～11代，在黑龙江全年可以完成1个世代的地区，大致相当于7月份平均气温22℃等温线附近。依据稻纵卷叶螟的发生代数、主害代为害时期、越冬情况及水稻栽培制度等，我国东半部可以划分为5个发生区，即海南周年为害区、岭南区、江岭区、江淮区和北方区。其中江岭区由于早稻栽插、成熟期和虫源迁出期不同，又可分为岭北和江南2个亚区。海南周年为害区：大陆海岸线以南，包括雷州半岛、台湾南端、海南岛等地，年发生9～11代，多发代为第一至二代（2—3月）、第六至八代（7月中旬至9月）。岭南区：从我国南海岸线到南岭山脉之间的地区，包括两广南部、台湾、福建南部，年发生6～8代，多发代为第二代（4月下旬至5月中旬）、第六代（9月至10月初）。岭北亚区：南岭山脉以北到洞庭、鄱阳两湖湖滨地区的南端一线（约北纬29°）之间的地区，包括广西北部、福建中部和北部、湖南、江西、浙江中部和南部，年发生5～6代，多发代为第二代（6月）、第五代（8月下旬至9月中旬）；江南亚区：沿长江中游两岸到洞庭湖、鄱阳湖湖滨南端一线以北，大致在北纬29°—31°之间，包括湖南、江西、浙江3省北部，湖北、安徽两省南部，年发生5～6代，多发代为第二代（6月中旬至7月上旬）和第五代（8月底至9月中旬）。江淮区：包括沿江、沿淮、江苏南部、上海及山东和陕西南部的泰沂山区到秦岭一线以南地区，年发生4～5代，多发代为第二至三代（7—8月），或第二、四代（7月、9月）。北方区：泰沂山区到秦岭一线以北地区，包括华北、东北直至黑龙江等地，年发生1～3代，多发代为第二代（7月中旬至8月）。

我国东半部地区稻纵卷叶螟的迁飞方向与季风环流同步进退，即春夏季随着高空西南气流逐代逐区北移，秋季又随着高空盛行的东北风大幅度南迁，从而完成周年的迁飞循环。在不同发生区，亦可看出虫源的迁出和迁入呈现南北衔接和演替的现象，表现为迁出区蛾量的突减和迁入区蛾量的突增。迁入区根据迁入虫量多少，又可分为主降区和波及区。主降区通常即代表一个发生区，迁入的虫量大，蛾峰明显，是构成当地主害代的重要虫源；波及区迁入的虫量少，蛾峰不明显，反映了各代初发世代虫源的迁入。我国从海南岛到辽东半岛，每年3—8月出现6次同期突增现象，反映了5个代次的北迁实况，秋季8月底至10月自北向南有3次回迁。

稻纵卷叶螟成虫昼伏夜出，喜温湿。日间多藏匿在茂密的稻田里，也有的在田边杂草中栖息。一生交尾多次，卵多单产。幼虫纵卷叶片结苞为害，可转苞为害。稻纵卷叶螟卵期3～6d，幼虫期15～26d，蛹期5～8d，雌蛾寿命5～17d，雄蛾寿命4～16d。

稻纵卷叶螟的发生为害常与以下因素有关：①温、湿度。生长发育需适温高湿，以温度22～28℃、相对湿度80%以上最为适宜。阴雨多湿有利于其发生，高温干旱或低温都不利于其发育。迁飞行为受温度、湿度、风速、风向等气候条件的影响。温度显著影响成虫起飞行为、飞行能力及再迁飞能力。锋面降雨天气有利于迁入蛾源的降落。雨日多，成虫迁入量也大。在卵盛孵期间，连续大雨对低龄幼虫不利。②寄主植物和种植制度。寄主植物种类、品种以及生育期决定食料质量，与稻纵卷叶螟的发生有明显关系。稻纵卷叶螟一般在叶色深绿、宽软的水稻品种上较叶色浅淡、质地硬的品种上发生重；水稻株高等形态学性状与稻纵卷叶螟侵害具一定的相关性，在矮秆品种上较高秆品种上发生重；在晚粳上发生为害大于晚籼和杂交稻，又大于常规稻。叶脉间具有致密硅链的水稻品种对稻纵卷叶螟具有抗性。栽培管理措施可以改变水稻的生长发育状况，影响稻纵卷叶螟的发生；偏施氮肥或施肥过迟，造成稻苗徒长和叶片下披，易于诱蛾产卵，有利于幼虫发生；稻田适量施钾肥或硅肥可降低稻纵卷叶螟的发生与为害。种植制度与稻纵卷叶螟的食料状况及迁飞有密切关系，一般连作稻发生重于间作稻。单季稻播种时间的前移和移栽时间的提早，改善迁入代的食料条件，有利于稻纵卷叶螟的发生。③天敌。寄生性天敌卵期主要有螟黄赤眼蜂、稻螟赤眼蜂和松毛虫赤眼蜂；幼虫期有稻纵卷叶螟绒茧蜂、螟蛉绒茧蜂、扁股小蜂等；蛹期有寄生蝇、姬蜂、广大腿蜂。捕食性天敌有蜻蜓、豆娘、蜘蛛、隐翅虫、步甲、青蛙等。天敌对稻纵卷叶螟种群具有明显的抑制作用。④化学农药。杀虫剂种类更替及使用量变化对该虫发生常具有明显影响。非靶标药剂吡虫啉等可以促进其生殖。

四、防治技术

1. 利用生物多样性和合理进行水肥管理　稻纵卷叶螟的防控应采取综合措施，通过合理田间布局，种植芝麻等蜜源植物，增加稻田系统生物多样性，促进天敌控害功能。根据土壤营养状况合理施肥，水稻生长前期减施氮肥，增施硅肥和钾肥，防止前期猛发旺长，后期恋青迟熟。科学管水，适当调节搁田时期，降低卵孵化期的田间湿度。充分利用水稻补偿机制，适当放宽防治指标，水稻生长前期不用或慎用农药。

2. 释放稻螟赤眼蜂　稻纵卷叶螟卵发生期，每代释放稻螟赤眼蜂3次，间隔3～5d，于清晨或傍晚放蜂，每亩均匀设置5～8个放蜂点，

释放赤眼蜂防治稻纵卷叶螟

每点间隔约10m。放蜂量为每亩每次10 000～16 000头。蜂卡高度与水稻叶冠层平齐，高温季节置于叶冠层下5～10cm，手抛型释放器可直接抛入水面。

3. 性信息素诱杀　于稻纵卷叶螟蛾始见期至蛾盛末期，田间设置稻纵卷叶螟性信息素和干式飞蛾诱捕器，诱杀雄蛾。性信息素诱捕器应大面积连片均匀放置，或以外围密、内圈稀的方式放置。平均每亩设置1套诱捕器，水稻苗期诱捕器下端距地面50cm，中后期随植株生长进行调整，低于稻株顶部10～20cm。1个诱捕器内安装1枚诱芯，诱芯每4～6周更换1次。诱捕器可重复使用，应及时清理诱捕器内的死虫。

4. 交配干扰　主害代稻纵卷叶螟始蛾期或水稻移栽之前或移栽结束，集中连片设置高剂量性信息素智能喷施装置，每3亩设置1套，傍晚至日出每隔6min喷施1次，干扰成虫求偶和交配。

5. 药剂防治　药剂防治指标为水稻分蘖期百丛有幼虫150头或百丛束尖和新虫苞150个，穗期为百丛有幼虫60头或百丛束尖和新虫苞60个。药剂可选用苏云金杆菌、甘蓝夜蛾核型多角体病毒、短稳杆菌、氯虫苯甲酰胺、多杀霉素、氰氟虫腙、金龟子绿僵菌CQMa421等药剂，按农药登记推荐剂量对水均匀喷雾。要严格限制氯虫苯甲酰胺等双酰胺类杀虫剂的使用次数，每季水稻使用不超过1次；减少甲氨基阿维菌素苯甲酸盐的使用次数，轮换使用茚虫威、多杀霉素、乙基多杀菌素等作用机理不同的药剂，延缓抗药性发展。

五、调查方法

1. 田间赶蛾　从灯下或田间始见蛾开始至水稻齐穗期进行调查。选取不同生育期和好、中、差3种长势的主栽品种类型田各1块，每块田调查面积为50～100m²，手持长2m的竹竿，沿田埂逆风缓慢拨动稻丛中上部（水稻分蘖中期前同时调查周边杂草），用计数器计数飞起的蛾数，隔日上午9时之前调查一次。

2. 卵量和幼虫发生程度普查　田间蛾量突增后2～3d开始卵量调查，各代二至三龄幼虫盛期调查幼虫发生程度。卵量普查选取不同生育期和好、中、差3种长势的主栽品种类型田各1块，采用双行平行跳跃式取样，每块田查5丛，每丛取1株，每2d调查1次有效卵、寄生卵、干瘪卵数。幼虫发生程度普查选取不同水稻品种、生育期和长势类型田各不少于20块，面积不少于15亩，每5d调查1次。大田巡视目测稻株顶部3片叶的卷叶数，确定幼虫发生级别。

3. 残虫量和稻叶受害率（程度）普查　于各代稻纵卷叶螟为害基本定局后进行。残虫量调查选主要类型田各3块，双行平行跳跃式取样，每块田查50～100丛，调查残留虫量；取其中20丛查卷叶数，计算卷叶率；每类型田取50头幼虫，记录龄期。稻叶受害程度调查的取样方法同幼虫发生普查，调查稻株顶部3片叶的卷叶数，确定稻叶受害程度，记录各级别田块数及所占比例。

六、防治效果评价方法

设置防治区和非防治区（对照田），施药前调查基数，施药后当代为害稳定后调查防治效果。每区随机5点取样，每点查10丛水稻，记载调查总丛数、株数、叶片数、卷叶数（穗期调查稻株上部3片叶的叶片总数、卷叶数）或活虫数，计算卷叶率或幼虫死亡率，评价保叶效果或杀虫效果。

$$卷叶率 = \frac{卷叶数}{调查总叶片数} \times 100\%$$

$$保叶效果 = \frac{对照区卷叶率 - 处理区卷叶率}{对照区卷叶率} \times 100\%$$

$$幼虫死亡率 = \left(1 - \frac{剥查活虫数}{剥查总虫数}\right) \times 100\%$$

$$杀虫效果 = \frac{防治区幼虫死亡率 - 空白对照区幼虫死亡率}{防治区幼虫死亡率} \times 100\%$$

二 化 螟

一、分布与为害

二化螟（*Chilo suppressalis* Walker）属鳞翅目螟蛾总科草螟科，俗称钻心虫、蛀心虫、蛀秆虫。二化螟广泛分布于亚欧大陆多个国家和地区。我国所有稻作区均有发生，发生为害较重区域为长江中下游流域及其以南稻区，东北和云贵稻区局部中等发生。二化螟食性杂，取食对象包括水稻、茭白、玉米、高粱、甘蔗、大麦、小麦、油菜、蚕豆、紫云英和芦苇等，但主要为害水稻和茭白。

二化螟为害于水稻分蘖期造成枯鞘和枯心苗，水稻孕穗和抽穗期造成枯孕穗和白穗，水稻灌浆和乳熟期造成虫伤株，导致秕谷粒增多，遇大风易折茎倒伏。

二化螟为害造成枯心

二化螟为害叶鞘

二化螟为害造成的羽化孔

二化螟蛀茎产生的粪便

二、形态特征

1. **成虫** 雌蛾体长14～17mm，翅展23～26mm，前翅灰黄色，沿外缘有7个小黑点，后翅灰白色，腹部纺锤形，灰白色。雄蛾体长

13～15mm，翅展21～23mm，前翅中央有一不规则黑斑，下有3个小黑点，外缘有7个小黑点，腹部瘦圆筒形。

2．**卵**　卵粒扁圆形，长约1.2mm，宽约0.7mm，数十至上百粒紧密排列，形成鱼鳞状卵块。卵块不规则长条形，初产时乳白色，然后渐变为黄白至灰褐色。

成虫（左：雄；右：雌）　　　　卵块（左：早期；右：晚期）

3．**幼虫**　幼虫多数为6龄，少部分5龄、7龄甚至更高龄期，末龄幼虫体长20～30mm。初孵幼虫淡褐色，二龄开始背部有5条淡棕色条纹。末龄幼虫头部除上额棕色外，其余淡棕褐色，体色淡褐。

4．**蛹**　蛹长10～13mm，初蛹米黄色，然后变淡黄褐色、褐色，腹部背面有5条纵纹，即将羽化时蛹变成金黄褐色。

一龄幼虫　　　　高龄幼虫　　蛹（左：雄；右：雌）

三、发生规律

二化螟不耐高温，适温范围在16～30℃之间，幼虫在22～25℃下发育最适宜，35℃以上易死亡，低温多湿年份田间发生量大。二化螟常集中为害，一根稻茎常有数个蛀孔。越冬代成虫盛发期常与当地水稻栽插盛期一致。水稻耕作制度与二化螟发生有密切关系，双季早稻若生长期长、收获迟，茎秆中的幼虫在收获前全部化蛹、羽化，则二化螟发生量多；若生长期短、收获早，二化螟大部分尚未羽化，遗留在稻桩中的个体因翻耕灌水而死。

二化螟成虫昼伏夜出，前半夜活动多，趋光，交配后1～2d产卵，晚上产卵最多。卵多产于叶鞘和叶片近叶基背面，产卵位置随稻苗的生长发育而逐渐下降。分蘖盛期，上、下部着卵量各约一半，少数产于叶鞘上；分蘖末期，多数产于植株下部，少数产于中上部。二化螟雌蛾常选择生长茂盛、植株高大、茎秆粗壮的稻株产卵，杂交籼稻比其他水稻上的卵块多。杂交籼稻因茎秆粗壮、组织疏松、叶鞘肥厚，营养条件好，幼虫侵入率高，群集为害和转株为害次数减少，受天敌侵袭机会少，存活率较在粳稻或常规籼稻田中显著提高。水稻生育期与初孵幼虫侵入成活率有密切关系，分蘖期和孕穗期成活率约60%，圆秆拔节期20%～40%，抽穗期、灌浆乳熟期约5%。水稻各个生育期中，孕穗期承受的卵量最多，分蘖期次之，圆秆拔节和抽穗期又次之，齐穗期很少。施肥合理，稻苗生长正常，产卵较少，为害轻；施肥不合理，追肥过量，稻苗生长过旺，叶色浓绿，可诱集产卵，为害加重。浅水勤灌，稻苗生长健壮，转株为害现象少，枯心率低；干旱脱水，田土开裂，稻苗卷缩，转株频繁，枯心率显著增加。

二化螟在我国不同稻作区年发生1～6代不等。年平均气温8℃以下地区，年发生1代，或不完全2代；8～16℃地区，年发生2代；16～20℃地区，年发生3代，其中芦荡周围，野茭白较多地区，营养较好，发生较早，每年可发生4代；20～24℃地区，年发生4～5代；24℃以上的地区，年发生5～6代。二化螟以幼虫在稻桩、稻草中越冬，也有部分在其他寄主茎秆内或杂草丛、树皮裂缝和土中越冬。二化螟抗逆性强，三龄幼虫即可安全越冬。越冬末龄老熟幼虫在气温上升到11℃时开始化蛹；15～16℃时开始羽化。越冬老熟幼虫在翌年春天土壤温度上升到7℃时，钻进大麦、小麦、蚕豆、油菜等冬季作物茎秆中，10～15℃时为转移盛期。转移到冬季作物茎秆中的幼虫取食茎秆，继续发育至老熟化蛹。化蛹前在寄主组织内壁咬羽化孔，仅留表皮薄膜，羽化时破膜而出。热带地区二化螟可终年繁殖，旱季湿度不足时，幼虫发育历期延长。

四、防治技术

1. **稻田冬后灌水灭虫**　根据当地实际情况，在田间化蛹高峰期，翻耕稻田并灌水淹没整个田面，保持约7d时间。

2. **覆盖育秧**　整个育秧过程用无纺布覆盖秧田，阻止雌蛾在秧苗上产卵。

3. **性信息素诱捕**　二化螟成虫开始羽化早期设置诱捕器诱捕雄蛾，平均每亩1个，诱捕器底端距地面（水面）50cm，并随植株生长调整高度。

4. **交配干扰**　主害代二化螟始蛾期或水稻移栽之前或移栽结束，集中连片设置高剂量性信息素智能喷施装置，每3亩设置1套，傍晚前2h至日出之前2h每隔6min喷施1次，干扰成虫求偶和交配。

5. **种植香根草**　田埂上种植香根草诱集雌蛾产卵，丛距平均约6m。

6. **释放寄生蜂**　人工释放稻螟赤眼蜂、螟黄赤眼蜂寄生二化螟卵块，一般每代放蜂3次，分别在发蛾始盛期、高峰期及高峰后2d各释放1次，每亩每次放蜂约10 000头，每亩均匀设置5～8个放蜂点。

7. **药剂防治**　药剂防治指标为分蘖期枯鞘丛率达到8%～10%或枯鞘株率达到3%。穗期重点防治上代残虫量大、当代卵孵盛期与水稻破口抽穗期相吻合的稻田。生产上常用的防治药剂包括20%氯虫苯甲酰胺悬浮剂、34%乙多·甲氧虫悬浮剂、40%氯虫·噻虫嗪水分散粒剂、6%阿维菌素·氯虫苯甲酰胺悬浮剂、10%甲维·甲虫肼悬浮剂、25%茚虫威·甲氧虫酰肼悬浮剂、20%甲维·茚虫威悬浮剂等。各地可根据当地二化螟对不同药剂的抗性情况，合理选择药剂品种和有效剂量，于二化螟卵孵化高峰时对水喷雾。

五、调查方法

田间调查时，按随机区组划定不同小区，每个小区随机调查5点，每点取25丛水稻，剥查活虫数。

六、防治效果评价方法

设定空白对照区（不采取防控措施）、处理区，每区随机划分4个小区，每个小区20～40m²。施药前，按上述调查方法调查活虫数，明确田间活虫基数。分别于施药后3d、7d和15d，按上述方法调查活虫数，计算田间防治效果。对于不同作用机理的药剂品种，施药后的调查次数和间隔天数需适当调整。

$$虫口减退率 = \frac{处理前虫口基数 - 处理后活虫数}{处理前虫口基数} \times 100\%$$

$$校正防效 = \frac{药剂处理区虫口减退率 - 空白对照区虫口减退率}{1 - 空白对照区虫口减退率} \times 100\%$$

小 麦 蚜 虫

一、分布与为害

小麦蚜虫属于半翅目蚜科，俗称腻虫、蜜虫，是我国乃至世界小麦生产中的主要害虫。我国为害小麦的种类主要有麦长管蚜 [*Sitobion avenae* (Fabricius)]、禾谷缢管蚜 [*Rhopalosiphum padi* (Linnaeus)]、麦二叉蚜 [*Schizaphis graminum* (Rondani)]。麦长管蚜在全国麦区均有发生，是大多数麦区的优势种之一；禾谷缢管蚜分布于华北、东北、华南、华东、西南各麦区，在多雨潮湿麦区常为优势种之一；麦二叉蚜主要分布在我国北方冬麦区，尤其是华北、黄淮平原、西北等地发生严重。

麦蚜主要以成虫、若虫吸食小麦叶、茎、嫩穗的汁液，被害处呈浅黄色斑点，严重时叶片发黄。小麦从出苗到成熟，均有麦蚜为害，但不同生育期为害造成的损失有很大差异，而且不同蚜种为害程度亦不同。小麦苗期麦蚜多集中在麦叶背面、叶鞘及心叶处；小麦拔节、抽穗后，多集中在茎、叶和穗部为害，并排泄蜜露，麦二叉蚜取食时还将毒素注入植物体内，影响植株的呼吸和光合作用；小麦灌浆、乳熟期是麦蚜发生为害的高峰期，造成籽粒干瘪，千粒重下降，引起严重减产；乳熟期后，麦蚜的数量急剧下降，不再造成危害。小麦减产率随蚜量而变化，蚜量愈大，减产愈重，一般年份蚜虫为害可使小麦减产5.1%～16.5%，大发生年份小麦减产40%以上。同时，麦蚜为害可严重影响小麦品质，与正常小麦相比，面粉粗蛋白减少5.2%～15.9%，赖氨酸和苏氨酸含量分别降低7.0%～17.2%和15.6%～28.9%，维生素B_1含量下降48.1%。麦蚜又是传播植物病毒的重要媒介，以传播大麦黄矮病毒（BYDV）引起小麦黄矮病为害最大。

小麦蚜虫田间为害状

麦长管蚜为害状

麦二叉蚜为害状

禾谷缢管蚜为害状

二、形态特征

　　小麦蚜虫有多型现象，一般全周期蚜虫有5～6型，即干母、干雌、有翅与无翅胎生雌蚜、雌性蚜和雄性蚜。干母是蚜虫卵越冬后孵化出来的蚜虫，后期行孤雌胎生生殖；干雌为生活在第一宿主上的干母的雌性后代，无翅，后期也行孤雌胎生生殖；有翅与无翅胎生雌蚜为蚜虫的主要生殖方式孤雌生殖直接产出的胎生蚜；雌性蚜为进行两性生殖的雌蚜，一般为无翅蚜；雄性蚜为受光照周期和温度的变化，或者是食物数量的减少，导致雌性蚜开始产出雄性幼蚜，雄性蚜与它们的母亲在遗传上只是少了一个性染色体，在偏冷地区以雄、雌性蚜交配后产卵越冬。

麦长管蚜无翅蚜 　　　　　　　　　麦长管蚜有翅蚜

禾谷缢管蚜无翅蚜 　　　　　　　　　禾谷缢管蚜有翅蚜

麦二叉蚜无翅蚜 　　　　　　　　　麦二叉蚜有翅蚜

卵为长卵形，长为宽的一倍，长约1mm，刚产出的卵淡黄色，以后渐加深，5d左右即呈黑色。

干母、无翅孤雌胎生雌蚜和雌性蚜外部形态基本相同，只是雌性蚜在腹部末端可以看到产卵管。雄性蚜和有翅胎生雌蚜亦相似，除具性器官外，一般个体稍小。无翅胎生蚜的成蚜和若蚜主要区别在于成蚜具有明显的中胸腹岔，若蚜无中胸腹岔，另外，若蚜尾片发育不完全。

3种麦蚜的形态特征比较

形态特征	麦长管蚜	禾谷缢管蚜	麦二叉蚜
无翅胎生雌蚜体形、体长（有翅型略小）	椭圆形 1.6～2.1mm	卵圆形 1.4～1.6mm	椭圆形或卵圆形 1.5～1.8mm
腹部体色	淡绿色至绿色，或红色	深绿色，后端有赤红色至深紫色横带	淡绿色或黄绿色，背面有绿色纵条带
腹管	长圆筒形，长0.48mm，全部黑褐色，端部有网状纹	短圆筒形，长0.24mm，中部稍粗壮，近端部呈瓶口状缢缩	短圆筒形，长0.25mm，淡绿色，端部为暗黑色
翅脉	中脉分支2次，分叉大	中脉分支2次，分叉小	中脉分支1次
复眼	鲜红色至暗红色	黑色	漆黑色
触角长度	6节，为体长的88%以上	6节，为体长的70%左右	6节，为体长的66%左右
有翅型触角第三节	长0.52mm，有感觉圈10个左右	长0.48mm，有感觉圈20～23个	长0.44mm，有感觉圈20个左右
尾片	长0.22mm，毛6根	长0.1mm，毛4根	长0.16mm，毛7～8根

三、发生规律

小麦蚜虫有翅和无翅胎生雌蚜发生数量最大，出现历期最长，是主要为害蚜型。在适宜的环境条件下，都以无翅孤雌胎生若蚜生活。在营养不足、环境恶化或虫群密度大时，则产生有翅型迁飞扩散，但仍行孤雌胎生生殖，只是在寒冷地区秋季才产生雌性蚜、雄性蚜，交尾产卵。翌年春季卵孵化为干母，继续产生无翅型或有翅型蚜虫。

小麦蚜虫能够发生成灾的地区大致可分为4个区域：①麦二叉蚜常灾区，该区气候干燥，年降水量在250mm以下，年均温在10℃左右，主要包括新疆南疆和甘肃河西地带，以麦二叉蚜为优势种，禾谷缢管蚜一般不发生，麦长管蚜比例低。②麦二叉蚜多灾区，是接近春麦区的冬麦区，该区气候干旱，年降水量在500mm以下，年均温在12℃左右，包括甘肃陇南、陇东、陕北、晋西、冀北等地。一般年份麦长管蚜和麦二叉蚜混合发生，大发生年份则麦二叉蚜为优势种，禾谷缢管蚜数量少。③麦二叉蚜和麦长管蚜易灾区，该区年降水量为500～750mm，但冬春少雨易旱，包括关中平原区、晋东南山区、鲁南山区。温暖干旱年份以麦二叉蚜为优势种，一般年份以获草谷网蚜为优势种，穗期为害严重，禾谷缢管蚜少量发生，麦无网长管蚜不发生。④麦长管蚜易灾区，该区年降水量在750～1 000mm之间，麦长管蚜为优势种，主要是穗期为害成灾，禾谷缢管蚜在局部地区发生严重，麦二叉蚜发生数量少。该区包括皖北、豫西南、鄂北、陕南、四川、贵州等地区，但各地区在小麦穗期均以麦长管蚜为优势种。

3种蚜虫发生规律比较

生活习性	麦长管蚜	麦二叉蚜	禾谷缢管蚜
发生代数	3种常见麦蚜在温暖地区可全年行孤雌生殖，不发生性蚜世代，表现为不全周期型；在北方寒冷地区，有孤雌世代和两性世代交替，则表现为全周期型。年发生代数因地而异，一般可发生18～30代		
越冬方式	以成蚜、若蚜或卵在冬麦田的麦苗和禾本科杂草基部或土缝中越冬；南方地区则以胎生雌蚜的成、若蚜越冬		在李、桃等木本植物上产生雌、雄两性蚜，交尾产卵，以卵在北方越冬
生活史	麦长管蚜和麦二叉蚜终年在禾本科植物上繁殖生活。在我国中部和南部麦区均属不全周期型，全年营孤雌生殖。以成、若蚜或以卵在冬麦田的麦苗和禾本科杂草基部或土缝中越冬。麦长管蚜最适温度为12～20℃，在山东省亦不能越冬。一般越冬成、若蚜并非真正进入越冬状态，遇温暖的晴天仍能在麦苗或杂草上活动。来年春天回暖后，卵孵化成干母，干母产生有翅和无翅孤雌蚜后代；越冬成、若蚜则直接恢复为害和繁殖。在杂草上的越冬蚜，繁殖1～2代后产生有翅蚜迁至麦田，随着气温的上升和小麦的生长发育，不断进行孤雌生殖，扩大种群。当小麦进入拔节至孕穗期，麦二叉蚜繁殖达到高峰期。麦长管蚜在小麦灌浆乳熟期达到繁殖高峰期。小麦蜡熟期，大量产生有翅蚜，陆续飞离麦田，迁至其他禾本科植物上继续为害和繁殖，并在其上或自生麦苗上越夏。秋播麦苗出土后，大部分麦蚜又开始迁返回冬麦苗上为害		禾谷缢管蚜为异寄主全周期型，春、夏季均在禾本科植物上生活和以孤雌胎生方式进行繁殖，小麦灌浆期是全年繁殖高峰期。秋末，禾谷缢管蚜在李、桃、稠李等木本植物上产生雌、雄两性蚜，交尾产卵，以卵在北方越冬。春季越冬卵孵化为干母，干母产生侨迁蚜，由原寄主转移到麦类作物或禾本等杂草上生存和繁殖。在南方地区可营不全周期生活，以胎生雌蚜的成、若蚜越冬

（续）

生活习性	麦长管蚜	麦二叉蚜	禾谷缢管蚜
为害特点	麦长管蚜喜光照，较耐氮肥和潮湿，多分布在植株上部，叶片正面，特嗜穗部。小麦抽穗后，蚜量急剧上升，并大多集中于穗部为害。成、若蚜均易受振动而坠落逃散	麦二叉蚜喜干旱，怕光照，不喜氮肥；多分布在植株下部和叶片背面，最喜幼嫩组织或生长衰弱、叶色发黄的叶片；成、若蚜受振动时具假死现象而坠落；小麦灌浆后多迁离麦田	禾谷缢管蚜喜温畏光，嗜食茎秆、叶鞘，故多分布于植株下部的叶鞘、叶背甚至茎基部，密度大时亦上穗为害；喜氮肥和植株密集的高肥田，是最耐高温高湿的种类；其成、若蚜较不易受惊动

四、防治技术

防治麦蚜要以农业防治为基础，关键时期采用化学防治。小麦播种愈早，蚜量愈大，因此在小麦黄矮病流行区的秋苗期，对于秋分前后播种的麦田，应采取药剂拌种或早期喷药治蚜防病；对于非小麦黄矮病流行区以及寒露以后播种的麦田一般不治。小麦抽穗后，以防治麦长管蚜为主，防治适期应为蚜虫发生初盛期。

在小麦黄矮病流行区，提高栽培水平，改旱地为水浇地，深翻，增施氮肥，合理密植，可较好地控制麦二叉蚜和小麦黄矮病。

1. **农业防治**　加强栽培管理，调整作物布局，清除田间杂草与自生麦苗，可减少麦蚜的适生地和越夏寄主。冬麦适当晚播，春麦适时早播，有利减轻蚜害。在西北地区麦二叉蚜和黄矮病发生流行区，应缩减冬麦面积，扩种春播面积。在南方禾谷缢管蚜发生严重地区，应减少秋播玉米播种面积，切断其中间寄主，减轻为害。在华北地区提倡油菜、绿肥（苕子、苜蓿）间作，对保护利用麦蚜天敌资源，控制蚜害有较好的效果。

2. **种植抗（耐）麦蚜品种**　利用抗虫品种控制麦蚜是一种安全、经济、有效的措施。目前，已筛选出一些具有中等或较强抗性的品种材料，如中4无芒、小白冬麦、JP1、KOK、Li、临远207、陕167、小偃22以及克麦系列、绵麦系列、兰天系列品种(系)对麦蚜尤其对麦长管蚜抗性较好。

3. **生物防治**　充分保护利用自然天敌，注意改进施药技术，选用对天敌安全的药剂，减少施药次数和数量，保护天敌免受伤害。当天敌与麦蚜比大于1∶150（蚜虫小于150头/百株）时，天敌控制麦蚜效果较好，不必进行化学防治。还可通过人工合成蚜虫报警激素和植物激素如茉莉酸甲酯和水杨酸甲酯等制成缓释器，在小麦田间释放，干扰麦蚜的寄主定位、抑制其取食，增强对天敌的吸引作用，可有效降低蚜虫为害。

小麦蚜虫的主要天敌

1.小麦蚜茧蜂　2.小麦蚜虫被蚜茧蜂寄生后形成僵蚜　3.食蚜蝇幼虫　4.食蚜蝇成虫
5.瓢虫幼虫　6.瓢虫蛹　7.瓢虫成虫　8.草蛉幼虫　9.草蛉成虫　10.寄生螨寄生蚜虫

4.化学防治　当麦蚜发生数量大时，化学防治是控制蚜害的有效措施。首先要查清虫情，在冬麦拔节、春麦出苗和小麦扬花灌浆期，百株蚜量达到500头以上，益害比小于1∶150时，应及时进行药剂防治。常用药剂有啶虫脒、吡虫啉、高效氯氟氰菊酯、氟啶虫胺腈等，可防治小麦苗期蚜虫，或在穗期蚜虫始盛期对水喷雾。也可选用植物源杀虫剂，如苦参碱、增效烟碱、皂素烟碱以及抗生素类等喷雾防治麦蚜。各地可根据当地蚜虫对不同药剂的抗性情况，合理选择药剂品种和有效剂量进行防治。

小麦蚜虫绿色防控技术的集成
1.抗性品种筛选　2.适期浇水　3.黄板诱杀　4.间作套种　5.科学用药　6.无人机防控

五、调查方法

参照国家农业行业标准《小麦蚜虫测报调查规范》及农作物主要病虫测报办法，结合实践经验，麦蚜的一般调查方法如下：

1.系统调查　根据品种、播期、地势、作物长势等条件，选择当地肥水条件好、生长均匀一致的早熟品种麦田2～3块作为系统观测田，每块田面积不少于2亩。固定田块，每块地采用单对角线5点取样，每点固定50株（单茎），当百株蚜量超过500头，株间蚜量差异不大时，每点可减至20株，蚜量特别大时，每点可减至10株。冬麦秋苗期，自出苗后每10d调查一次，至麦蚜进入越冬时止。在冬麦开始拔节及春麦出苗后，每5d调查一次，当蚜量急剧上升时，每3d调查一次，以适时指导大面积防治。南方麦区因麦蚜无明显越冬期，冬季调查时，可根据当地麦蚜消长情况，酌情规定。调查有蚜株数、有翅蚜及无翅蚜量，折算平均百株蚜量等。

2.**大田调查**　在小麦秋苗期、拔节期、孕穗期、抽穗扬花期、灌浆期进行5次普查，同一地区每年调查时间应大致相同。根据当地栽培情况，选择有代表性的麦田10块以上。每块田单对角线5点取样，秋苗期和拔节期每点调查50株，孕穗期、抽穗扬花期和灌浆期每点调查20株，调查有蚜株数、蚜虫种类及有翅、无翅蚜量。

3.**天敌调查**　在每次系统调查小麦蚜虫的同时，进行其天敌种类和数量调查。取样方法同麦蚜调查，寄生性天敌以僵蚜表示，僵蚜取样点和取样方法与蚜虫相同，每次查完后抹掉；瓢虫类、食蚜蝇幼虫和蜘蛛类随机取5点，每点查0.5m²，用目测、拍打方法调查。将调查天敌的数量分别折算成百株天敌数。

六、防治效果评价方法

1.**防治效果调查方法**　选择应用综合防控技术的田块5块，未应用综合防控技术的田块1～2块，于小麦返青拔节期、穗期分别调查麦蚜百株虫量（调查方法如上所述），比较应用与未应用综合防控技术田百株蚜量，如进行了化学防控分别于施药后1、3、7、14d调查百株虫量，统计虫口减退率，计算防治效果。

$$虫口减退率 = \frac{施药前虫数 - 施药后虫数}{施药前虫数} \times 100\%$$

$$防治效果 = \frac{处理区虫口减退率 - 空白对照区虫口减退率}{100 - 空白对照区虫口减退率} \times 100\%$$

$$防治效果 = \left(1 - \frac{空白对照区药前虫数 \times 处理区药后虫数}{空白对照区药后虫数 \times 处理区药前虫数}\right) \times 100\%$$

2.**效益计算方法**　选择应用综合防控技术的田块5块，未使用综合防控技术的田块1～2块，于小麦成熟期，每块田5点取样（共取100株），计算千粒重，折算亩产，计算挽回损失。

3.生态经济有效评价　通过加强栽培管理，调整作物布局有效压低麦蚜种群，减轻为害；通过充分保护利用自然天敌，选用对天敌安全的药剂，改进施药技术，增强天敌的控害能力；通过施用低毒高效或植物源农药及选用高效植保机械开展科学用药，减少农药的投入量，加速农作物种植向专业化、规模化、集约化方向发展，促进农业增效和农民增收，环境得以改善。

亚 洲 玉 米 螟

一、分布与为害

亚洲玉米螟 [*Ostrinia furnacalis* (Guenée)]，属鳞翅目草螟科野螟亚科，俗称玉米钻心虫，是我国玉米上的重要害虫，国内除青海、西藏外，其他地区均有分布。在新疆伊犁，还分布有欧洲玉米螟 [*O. nubilalis* (Hübner)]。亚洲玉米螟为多食性害虫，主要为害玉米、高粱、谷子，还为害小麦、黍、水稻、稷等粮食作物，也为害棉花、大豆、绿豆、生姜、啤酒花、甘蔗、马铃薯、向日葵等经济作物及蚕豆、菜豆、辣椒等蔬菜。

亚洲玉米螟主要以低龄幼虫在玉米心叶、未展开的雄穗、花丝中取食幼嫩叶片，四至五龄后钻蛀玉米茎秆、穗柄和穗轴为害。玉米心叶期世代，初孵幼虫群聚于心叶内取食叶肉，留下白色薄膜状表皮，呈花叶状，三龄以上幼虫蛀食，叶片展开时出现排孔。随着虫龄增加，大龄幼虫陆续钻入茎秆中继续为害，蛀孔口常堆有大量粪屑，茎秆被害阻止养分转化运输，常造成蛀孔以上茎秆及雄穗变色发红，遇风易从蛀孔处折断；有的还会在叶脉中蛀食，叶脉折断。也可为害未抽出或已抽出尚未散粉的雄穗。穗期世代初孵幼虫潜食花丝继而取食幼嫩籽粒，四龄以后部分蛀入穗轴、雌穗柄或茎秆，影响灌浆，降低千粒重，或果穗从穗柄处蛀孔折断而脱落。此外常引发玉米穗腐病、茎腐病，更加重了产量损失和品质下降。

亚洲玉米螟为害状
1.被害叶片呈花叶状　2.展开叶片呈排孔状　3.茎秆从蛀孔处折断　4.叶脉折断
5.为害雄穗　6.咬食籽粒　7.钻蛀茎秆　8.果穗从穗柄蛀孔处折断脱落　9.引起穗腐病

二、形态特征

1.**成虫**　雄蛾淡黄褐色，体长10～14mm，翅展20～26mm。触角丝状；复眼黑色；前翅浅黄色，斑纹暗褐色。前缘脉在中部以前平直，然后稍折向翅顶。内横线明显。有一小深褐色的环形斑及一肾形的褐斑；环形斑和肾形斑之间有一黄色小斑。外横线锯齿状，内折角在脉上，外折角在脉间，外有一明显的黄色Z形暗斑。缘毛灰黄褐色。后翅浅黄色，斑纹暗褐色。在中区有暗褐色亚缘带和后中带，其间有一大黄斑。雌蛾翅展26～30mm。较雄性色淡，前翅浅灰黄色，横线明显或不明显。后翅正面浅黄色，横线不明显或无。

2.**卵**　椭圆形，长约1mm，宽约0.8mm，略有光泽。常15～60粒产在一起，呈不规则鱼鳞状卵块。初产下的卵块为乳白色，渐变黄白色，半透明。正常卵孵化前卵粒中心呈现黑点（即幼虫的头部），称为"黑头卵"。

3.幼虫　共5龄。初孵幼虫长约1.5mm，头壳黑色，体乳白色半透明。老熟幼虫体长20～30mm，头壳深棕色，体浅灰褐色或浅红褐色。有纵线3条，以背线较为明显，暗褐色。第二、三胸节背面各有4个圆形毛疣，其上各生2根细毛。第一至八腹节背面各有2列横排毛疣，前列4个，后列2个，且前大后小；第九腹节具毛疣3个。胸足黄色；腹足趾钩为三序缺环型，上环缺口很小。

4.蛹　体长15～18mm，黄褐色至红褐色，纺锤形。初化新蛹为粉白色，渐变黄褐色至红褐色，羽化前呈黑褐色。腹部背面气门间均有细毛4列。臀棘黑褐色，端部有5～8根向上弯曲的刺毛。雄蛹较小，生殖孔位于第七腹节气门后方，开口于第九腹节腹面。雌蛹比雄蛹肥大，生殖孔在第七腹节，开口于第八腹节腹面。

雄　蛾　　　　　　　　雌　蛾　　　　　　　　卵　块

幼　虫　　　　　　　　　　　蛹

三、发生规律

北方春玉米区北部及较高海拔地区，包括兴安岭山地及长白山山区为1代区；三江平原、松嫩平原为1～2代；北方春玉米区南部和低纬度高海拔的云贵高原北部、四川省山区1年2代；黄淮海夏玉米区以及云贵高原南部1年3代；长江中下游平原中南部、四川盆地、江南丘陵玉米区等地1年4代；北回归线至北纬25°，包括江西南部、福建南部、台湾等地1年5～6代；北回归线以南，包括广东、广西丘陵等地1年6～7代或周年发生，世代不明显，夏秋季为发生高峰期，冬季种群数量较小。在多世代发生区，不论春播、夏播玉米，在其整个生长发育过程中，有2代螟虫为害。以老熟幼虫在寄主茎秆、穗轴和根茬内越冬，翌年春天化蛹，成虫飞翔力强，具趋光性。成虫产卵对植株的生育期、长势和部位均有一定的选择，多将卵产在玉米叶背中脉附近，为块状。

四、防治技术

玉米螟的防治可采用越冬防治与生长期防治相结合，化学防治和生物防治结合，心叶期防治与穗期防治相结合的综合防控措施。

1. **农业防治** 收获后及时处理过冬寄主的秸秆和穗轴，秸秆粉碎还田，杀死秸秆内越冬幼虫，压低越冬虫源基数。

2. **物理防治** 在成虫羽化期，利用性诱剂迷向或杀虫灯诱杀成虫，降低田间虫口数量。

3. **生物防治** ①在春季4—5月越冬幼虫化蛹前，用白僵菌粉剂对没有处理完的玉米秸秆进行封垛处理，用80亿孢子/g以上的菌粉配细土100g/m²，均匀撒施于秸秆上。②释放赤眼蜂，在玉米螟产卵始期至产卵盛期释放赤眼蜂2～3次，每亩释放1.5万～2万头。③在玉米心叶期，每亩使用白僵菌20g拌河沙2.5kg，心叶撒施。④在玉米螟卵孵化期，田间喷施100亿个孢子/mL的Bt乳剂或者Bt可湿性粉剂200倍液。

4. **化学防治** 用含有效成分为辛硫磷、溴氰菊酯、氟苯虫酰胺、氯虫苯甲酰胺、杀虫单、氰戊菊酯、甲维盐等的药剂进行防治。①在心叶内撒施颗粒剂，每亩可用0.4%氟苯虫酰胺350～450g或5%辛硫磷颗粒剂200～240g。②每亩用80%氟苯·杀虫单75～100g或10%氟苯虫酰胺20～30mL兑水喷雾。

五、调查方法

在灯诱或性诱各代成虫始见5d后，开始田间调查田间卵量，每3d调查一次，成虫或卵终见3d后止。采用对角线5点取样，每点20株。逐叶观察，尤应注意检查叶背面中脉附近，区分正常卵块、寄生卵块和孵化卵块数等，并计算出平均百株有效卵块数。幼虫调查在玉米大喇叭口期、灌浆期和收获前各调查1次。采用对角线5点取样，每点20株。玉米大喇叭口期和灌浆期各调查1次被害株率；玉米收获前，除调查被害株率外，观察植株茎秆和果穗是否有蛀孔，用小刀在有蛀孔的上方或下方划一纵向裂缝，撬开秸秆将虫取出，分别判断幼虫种类和数量。

六、防治效果评价方法

根据防治方法的不同，可分为释放赤眼蜂防治效果评价方法和药剂防治效果评价方法

1. 释放赤眼蜂防治效果评价

（1）赤眼蜂寄生卵调查。被赤眼蜂寄生的卵经3～4d整个卵块变黑，蜂羽化后残留黑色卵壳。在末次放蜂3～4d后到放蜂区和对照区分别按取样调查方法采回玉米螟卵块分别统计。

（2）寄生率计算。依据以下公式计算寄生率：

$$寄生率 = \frac{寄生卵粒数}{检查的总卵粒数} \times 100\%$$

（3）防治效果计算方法。在末次放蜂后在放蜂区和对照区，每小区采取平行线10点取样方法进行调查，每点10株，调查被害株数和百株活虫数。

$$防治效果 = \frac{对照区被害株率 - 放蜂区被害株率}{对照区被害株率} \times 100\%$$

$$或防治效果 = \frac{对照区百株虫量 - 放蜂区百株虫量}{对照区百株虫量} \times 100\%$$

2. 药剂防治效果评价方法

（1）调查方法和调查时间。每小区调查50株玉米，统计被害株率，剥查被害株的活虫数，与对照区比较计算相对防效。药后10～15d调查。

（2）药效计算方法。依据如下公式计算：

$$被害株率 = \frac{被害株数}{调查总株数} \times 100\%$$

$$防治效果 = \frac{空白对照区被害株率 - 药剂处理区被害株率}{空白对照被害株率} \times 100\%$$

$$活虫率 = \frac{活幼虫数}{调查总被害株数} \times 100\%$$

$$幼虫防效 = \frac{空白对照区活虫率 - 药剂处理区活虫率}{空白对照区活虫率} \times 100\%$$

蔬 菜 蓟 马

蓟马属于缨翅目（Thysanoptera）蓟马科（Thripidae），全世界记述的蓟马种类约6 300种，其中对农作物造成经济损失的约有130种，我国约有66种。蔬菜蓟马包括豆大蓟马 [*Megalurothrips usitatus* (Bagnall，1913)]、瓜蓟马（*Thrips palmi* Karny，1925）、西花蓟马 [*Frankliniella occidentalis* (Pergande，1895)]、花蓟马 [*Frankliniella intonsa* (Trybom，1895)] 共4个种，全部来自蓟马科（Thripidae）蓟马亚科（Thripinae）。蓟马以锉吸式口器取食或产卵于植物幼嫩表皮组织中造成直接危害，有的还能传播多种植物病毒造成间接危害。

一、分布与为害

1. 豆大蓟马　豆大蓟马又名普通大蓟马、豆花蓟马，是我国豆科作物的重要害虫。在国外该虫主要分布在日本、菲律宾、印度、斯里兰卡、澳大利亚、马来西亚、斐济、基里巴斯、印度尼西亚、尼日利亚、泰国、巴基斯坦等国家。在我国主要分布在海南、云南、广东、广西、福建等南方省份，目前在山东等北方地区日光温室内也发现豆大蓟马为害。

豆大蓟马寄主比较广泛，据报道寄主植物包括豆科、茄科、葫芦科、十字花科等9科28种，除了为害豆科作物如豇豆、扁豆、红豆、绿豆、花生外，还为害马铃薯、茄子、烟草、萝卜、向日葵、丝瓜、玉米、芒果、脐橙等作物和杂草。

豆大蓟马对植物，尤其对豇豆具有极大的危害性，该虫多隐藏于植物花蕊、生长点、豆荚或叶片背面，吸取植物汁液及花粉。在取食过程中以锉吸式口器刺吸寄主植物的叶、花或果的汁液，被害叶片呈皱缩或畸形，受害生长点枯萎、发育停滞，严重为害时可引起植株生长点坏死，干枯死株；大量聚集为害花器时致使花器表面呈烫伤状，然后腐烂脱落，影响产量；待豆荚长出后便大量转移至豆荚为害，致使豆荚顶端和末端表面因锉吸后形成木栓化，造成"黑头"和"黑尾"现象，严重影响豇豆品质和商品价值。

豆大蓟马为害豇豆叶片

豆大蓟马为害豇豆嫩梢

豆大蓟马为害豇豆花

豆大蓟马为害豇豆豆荚

豆大蓟马导致豇豆豆荚黑头　　　　　　豆大蓟马导致豇豆豆荚黑尾

　　2.瓜蓟马　瓜蓟马又称棕榈蓟马、节瓜蓟马、棕黄蓟马、南黄蓟马等，该虫首次发现于1925年印度尼西亚苏门答腊岛的烟草上。20世纪80年代初，巴基斯坦、新加坡、菲律宾、泰国、印度尼西亚和我国台湾等地相继报道发现该虫。随后10年里，瓜蓟马继续扩散至东南亚、澳大利亚、美国南部、南美洲和西非等热带及亚热带地区。20世纪80年代前期，瓜蓟马在我国的广东、广西、湖南、云南、台湾等地发生为害，随着保护地蔬菜的发展，20世纪90年代湖北、浙江、上海等地也有发生，目前在长江以北的山东、北京、河北、辽宁、内蒙古等地均有分布。

　　瓜蓟马寄主主要是葫芦科及茄科植物，已知寄主植物多达20科50多种，葫芦科植物有黄瓜、节瓜、冬瓜、甜瓜、西瓜等；茄科植物有茄子、甜椒、马铃薯、野生癫茄、少花龙葵和枸杞等，其中以茄子、黄瓜、节瓜为嗜好寄主。一些报道认为该虫寄主范围甚广，除上述寄主外，还发生于菜豆、绿豆、大豆、菊花、棉花、兰花、芒果上。

　　瓜蓟马以若虫和成虫聚集在叶片、茎、花和幼果上取食为害，苗期一般群集在叶片正面为害，受害后的嫩叶表层主脉和叶脉附近可见到银色的取食疮疤，为害严重时连成片，被害嫩叶、嫩梢变硬缩小，造成叶片皱缩，顶叶不能展开，植株生长缓慢，似染病毒病。瓜类幼果受害后常形成弯曲、果面凹凸不平的畸形果，受害的幼瓜表皮粗糙，呈现锈褐色疤痕并生长缓慢，造成产量和品质下降。花器受害后常凋萎而不结果，幼果黄化脱落或表皮粗糙而品质下降。

瓜蓟马除直接对作物造成危害外，还以持久性的方式传播病毒，如彩色海芋黄化斑点病毒（*Calla lily chlorotic spot virus*，CCSV）、辣椒褪绿病毒（*Capsicum chlorosis virus*，CaCV）、甜瓜黄斑病毒（*Melon yellow spot virus*，MYSV）、花生芽坏死病毒（*Groundnut bud necrosis tospovirus*，GBNV）、西瓜芽坏死病毒（*Watermelon bud necrosis virus*，WBNV）、西瓜银斑病毒（*Watermelon silver mottle virus*，WSMoV）。

瓜蓟马为害茄子叶片

瓜蓟马为害茄子

3. 西花蓟马　西花蓟马又称苜蓿蓟马、西方花蓟马，起源于美国西南部，目前遍及美洲、欧洲、亚洲、非洲、大洋洲，包括加拿大、美国、墨西哥、哥伦比亚、日本、朝鲜、以色列、肯尼亚、南非、比利时、丹麦、芬兰、法国、德国、匈牙利、爱尔兰、意大利、荷兰、挪威、波兰、葡萄牙、西班牙、瑞典、瑞士、英国、新西兰等国家。我国于2000年在昆明国际花卉节参展的花卉上发现西花蓟马，2003年7月在北京市郊区大棚内种植的大椒上发现西花蓟马，并在局部地区暴发成灾，由此西花蓟马作为外来入侵物种正式被报道。在不到10年的时间里，西花蓟马已经入侵云南、河北、辽宁、黑龙江、江苏、浙江、山东、贵州、甘肃、新疆、西藏等10多个省份，目前除海南、广东、福建、浙江等省份没有或少量发生外，其他省份均有分布。

西花蓟马寄主范围广，食性杂，目前已知的寄主植物多达62科500多种植物，包括多种蔬菜、花卉、果树、粮食、棉花等作物，主要有茄子、辣椒、生菜、番茄、豇豆、苹果、葡萄、草莓、菊花等。

西花蓟马对植物具有极大的危害性，它们多隐藏于植物花蕊或叶片背面，靠吸取植物汁液及花粉为生。在取食过程中以锉吸式口器刺吸寄主植物叶、花、果的汁液。被害叶片初呈白色斑点，后连成片，叶片正面似斑点病害，严重为害时叶片变小、皱缩、黄化、干枯，影响光合作用。为害果实主要锉吸果实表面，留下疤痕，如被害黄瓜出现银色线状斑痕，果面粗糙，被害番茄形成白色晕斑，果实褪色。尤其喜欢取食植物花粉或花的子房，造成畸形、发育受阻，严重影响作物品质和商品价值。

西花蓟马除直接为害寄主植物外，还能传播多种病毒，其中最重要的是番茄斑萎病毒（*Tomato spotted wilt virus*，TSWV）和凤仙花坏死斑点病毒（*Impatiens necrotic spot virus*，INSV），这两种病毒均可严重侵害多种重要农作物，经常造成重大损失。

西花蓟马在辣椒花中聚集为害

西花蓟马为害茄子叶片

西花蓟马为害黄瓜

西花蓟马为害番茄

西花蓟马为害草莓果实　　　　西花蓟马传播的大椒斑萎病毒病症状

4. 花蓟马　花蓟马又称丽花蓟马、台湾花蓟马、台湾蓟马、台湾三色蓟马，该虫是世界性害虫，在我国分布于北至黑龙江南至海南的所有省份。

花蓟马为多食性害虫，寄主十分广泛，可为害多种农作物、蔬菜和花卉，包括禾本科、豆科、菊科、茄科、十字花科、蔷薇科、唇形科、锦葵科、葫芦科以及杜鹃科等40科240余种，除为害茄子、黄瓜、毛节瓜、西瓜、甜瓜、辣椒、葱、蒜、豆科等蔬菜之外，还可为害棉花、花生等经济作物。

花蓟马具有很强的趋花性，各种植物花部均易受害。通常成、若虫多群集于植物花冠、花蕊为害，在子房周围最多，损害繁殖器官；花冠受害后出现横条或点状斑纹，花瓣受害后呈白化，经日晒后变为黑褐色，严重时可使花冠变形、花朵萎蔫；叶部受害时在嫩茎、新叶上常出现银灰色的条斑，严重的枯焦萎缩，或叶基部均呈银灰色，以致引起落叶；坐果期若虫转移幼果果面唑吸为害，致幼果木栓化、提前老化或畸形。

除了直接为害之外，花蓟马还可传播多种番茄斑萎病毒属（*Tospovirus*）病毒，如，凤仙花坏死斑点病毒、花生环斑病毒（*Groundnut ringspot virus*，GRSV）、番茄褪绿斑病毒（*Tomato chlorotic spot virus*，TCSV）、番茄斑萎病毒，可致作物损失30%～50%，甚至有可能导致绝收。可见，花蓟马通过传播病毒造成的经济损失远远大于其直接取食造成的危害。

花蓟马为害节瓜花蕾

花蓟马为害节瓜生长点

花蓟马为害节瓜幼果

花蓟马造成苦瓜幼果畸形

4种蓟马为害特征、寄主植物及分布范围比较

蓟马种类	主要为害部位	寄主数量	主要为害的蔬菜	传播植物病毒的种类	我国主要发生为害区域
豆大蓟马	叶、花、果、茎	9科28种	豇豆、芸豆	—	南方
瓜蓟马	叶、果	20科50余种	茄子、西瓜、节瓜、黄瓜	CCSV、CaCV、MYSV、TNRV、GBNV、WBNV、WSMoV	全国
西花蓟马	叶、花、果	62科500余种	茄子、黄瓜、大椒、豇豆	TSWV、INSV、AINSV、CSNV、GRSV、TCSV、TZSV	除海南、广东、福建、浙江外的多数省份
花蓟马	花	40科240余种	大椒、丝瓜	INSV、CSNV、TCSV、TSWV	全国

注：番茄坏死环斑病毒（*Tomato necrotic ringspot virus*，TNRV）；六出花坏死条纹病毒（*Alstroemeria necrotic streak virus*，AINSV）；菊花茎坏死病毒（*Chrysanthemum stem necrosis virus*，CSNV）；花生环斑病毒（*Groundnut ringspot virus*，GRSV）；番茄褪绿斑病毒（*Tomato chlorotic spot virus*，TCSV）；番茄环纹斑点病毒（*Tomato zonate spot virus*，TZSV）。

二、形态特征

1. 豆大蓟马

雌成虫：体长1.1～1.4mm，体褐色，但跗节前足胫节大部分以及中、后足胫节端部为黄色。触角8节，第一、二节深褐色，第三节黄色或浅褐色，第四至八节褐色（但第四、五节基部浅褐色）；第三、四节端部收缩为颈状，各具一长叉状感觉锥。前翅近基部1/4处及近端部无色，中部和端部褐色。头略宽于长，两颊近平行。单眼间鬃很长，位于前、后单眼外侧连线上，单眼后鬃短小。前胸背板前角鬃发达，后缘鬃3对，中间1对最长，前胸背板后缘角各具1对长鬃。中胸内叉骨具小刺，后胸内叉骨则无刺；后胸背板具1对钟形感觉孔。前翅前脉鬃11～14根，等距离排列，前脉端鬃2根，后脉鬃11～14根。腹部腹板

豆大蓟马成虫
1.雌成虫　2.雄成虫　3.触角　4.头部　5.前胸背板　6.后胸背板
7.雌虫腹部第八节背片　8.前翅　9.雌虫腹部第七节腹片

无附属鬃，第七节腹板后缘鬃中间1对着生于后缘前方，第八节背板后缘梳不完整，仅两侧有，中间缺。

  雄成虫：外形与雌成虫相似，但体较细小，体长1.15mm左右，体色较淡，胸足有时呈黄色或浅褐色。腹部无腹腺域。第九节背板两侧具1对粗壮的矛状鬃。

  卵：长0.2mm，产于叶表皮下，初为白色，肾形，即将孵化时眼点呈红色。

  若虫：多2龄。一龄若虫初孵时乳白色，之后为淡黄色，平均体长0.52mm。二龄若虫淡红色至红色，平均体长0.98mm，行动和取食十分活跃。

豆大蓟马雌成虫

豆大蓟马卵

豆大蓟马初孵若虫

豆大蓟马二龄若虫

蛹：分为预蛹及拟蛹。预蛹行动迟缓，触角为鞘囊状，短而向前，复眼小，无单眼，翅芽外露；拟蛹触角长且弯向头背后，出现单眼，翅芽增大，历期长。

豆大蓟马拟蛹

2. 瓜蓟马

成虫：雌成虫体长1.0～1.1mm，雄成虫体长0.8～0.9mm，体色金黄色，头近方形。触角7节，第一、二节橙黄色，第三、四节基部黄色，第四节端部及后面几节灰黑色，第三、四节上有叉状感觉锥。单眼3只，红色，呈三角形排列，单眼间鬃位于单眼连线的外缘。翅两对，翅周围有细长的缘毛，前翅上脉鬃10根，下脉鬃11根。腹部扁长，体鬃较暗，前胸后缘鬃6根，中央两根较长。后胸盾片网状纹中有一明显的钟形感觉器。第八腹节后缘栉毛完整。与常见的花蓟马、豆蓟马的区别在于单眼间刚毛位置在单眼间两侧，个体明显偏小。

卵：长约0.2mm，长椭圆形，位于幼嫩组织内，可见白色针点状卵痕，初产时白色，透明，孵化后卵痕为黄褐色。

若虫：多2龄。初孵若虫极微细，体白色，复眼红色。一、二龄若虫淡黄色，无翅芽，无单眼，有1对红色复眼，爬行迅速。

蛹：分为预蛹及拟蛹。预蛹体淡黄白色，无单眼，长出翅芽，长度达三、四腹节，触角向前伸展；拟蛹体黄色，单眼3个，翅芽较长，伸达腹部的3/5，触角沿身体向后伸展，不取食。

瓜蓟马成虫
1.雌成虫　2.雄成虫　3.头部　4.前胸背板　5.触角　6.后胸背板
7.腹部第二节背片（侧面视图）　8.雌虫腹部第八至九节背片　9.雄虫腹部末节胸片　10.前翅

瓜蓟马雌成虫

瓜蓟马若虫

瓜蓟马预蛹

瓜蓟马拟蛹

3. 西花蓟马

雌成虫：体长 1.4 ～ 1.7mm，体淡黄色至褐色。触角8节，第一节浅黄色，第二节褐色，第三至五节黄色，但端部稍褐，第六至八节褐色。第三、四节上有叉状感觉锥。头宽略大于头长，单眼前鬃均较短，单眼间鬃1对，很长，位于前、后单眼外连线的内侧，复眼后鬃6对，从内向外第四对鬃最长，约与单眼间鬃等长。前胸背板有4对长鬃，分别位于前缘、左右前角各1对，左右后角2对，后缘中央有5对鬃，其中从中央向外第二对最长。中、后胸背板愈合，后胸背板中央有不规则的网状纹，靠近后方有1对钟状感觉器（呈亮点状），后胸背板前缘中央有2对长鬃。前翅淡黄色，上脉鬃18 ～ 21根，下脉鬃13 ～ 16根，排列均匀完整。腹部第五至八节背板两侧有微弯梳，第八节背板后缘有梳状毛12 ～ 15根。第九节背板有2对钟状感觉器。第三至七节腹板后缘有鬃3对，无附鬃。

卵：长0.2mm，产于叶表皮下，初为白色，肾形，即将孵化时眼点呈红色。

若虫：多2龄。一龄若虫初孵乳白色，之后为淡黄色。二龄若虫淡黄色至黄色，行动和取食十分活跃。

蛹：分为预蛹及拟蛹。预蛹行动迟缓，触角为鞘囊状，短而向前，复眼小，无单眼，翅芽外露；拟蛹触角长且弯向头背后，出现单眼，翅芽增大。

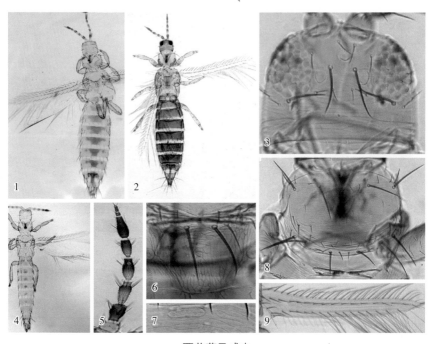

西花蓟马成虫

1.雌成虫（常见色）　2.雌成虫（深色）　3.头部　4.雄成虫　5.触角　6.后胸背板
7.腹部第四节腹片（显示出孔板）　8.前胸背板　9.前翅

西花蓟马雌成虫　　　　　　　　西花蓟马卵

西花蓟马若虫 　　　　　　　　　西花蓟马蛹

4．花蓟马

雌成虫：体长1.3～1.4mm，体棕色，头、胸色略淡。触角8节，第三、四、五节基部橙黄色，其余各节均为棕色，第三、四节具叉状感觉锥。头短于前胸，两颊后部略收窄，头顶前缘仅在复眼间略突出。单眼间鬃粗长，着生于前、后单眼中心连线上，复眼后鬃短，最长的鬃（第四复眼后鬃）仅为单眼间鬃长度的一半。前胸前缘角鬃长于前缘长鬃，后缘角具2对长鬃，后缘鬃4对。中胸盾片满布横线纹，后胸盾片前缘具4根长鬃。中央具网状线纹，无钟形感觉孔。前翅前脉鬃20～22根，后脉鬃18根，均等距排列。腹部第八节背片后缘梳完整，梳毛短，呈三角形。

卵：长0.29mm，宽约0.15mm，肾形，头方的一端有卵帽，近孵化时可见红色眼点。

若虫：共2龄。一龄若虫体长0.3～0.6mm，初孵时淡黄色，二龄若虫体长0.6～0.8mm，橘黄色。

蛹：分为预蛹及拟蛹。预蛹体长1.2～1.4mm，翅芽伸达腹部第三节，触角向头的两侧张开，行动迟缓；拟蛹体长1.2～1.6mm，触角分节不明显，并折向头、胸部背面，单眼内缘有黄色晕圈。

花蓟马成虫

1.雌成虫　2.雄成虫　3.触角　4.头部和前胸背板　5.后胸背板
6.雄性腹部末节（显示生殖器官）　7.腹部第三至六节腹片（显示孔板）　8.前翅

花蓟马雌成虫

花蓟马若虫

花蓟马蛹

三、发生规律

1.**豆大蓟马** 豆大蓟马产卵于植株花、叶芽、幼果或嫩茎组织内，每头雌虫的产卵量最高可达230多粒。花器是成虫最喜好取食和产卵的场所，未开花前，成虫聚集在生长点取食、产卵为害，待豆荚长出后部分迁移至嫩果上为害。若虫同样偏好在花器内、豆荚上取食为害，成虫活跃、能飞善跳，对蓝光有强烈的趋性，但夜间不活动。

豆大蓟马的生长发育和繁殖特性与所处的环境温度及寄主植物关系密切。在15～35℃下均能发育，发育适宜温度为25～30℃，在华南地区无明显越冬现象，可终年繁殖，在海南地区年发生24～26代。在35℃条件下，其世代发育历期仅为10.57d。

2.**瓜蓟马** 瓜蓟马卵散产于植株的嫩叶、嫩芽及幼果组织中，平均产卵量约60粒。若虫喜欢躲在幼嫩叶片的正面爬行取食。预蛹停止取食，行动缓慢，落入3～5cm深的表土中化蛹，在土中不食不动。成虫一般在土内羽化后向上移动，具有明显的趋蓝性，嗜好在嫩叶上活动，能飞善跳。

瓜蓟马发育适温为15～32℃，28℃下发育历期为13.12d，32℃下发育历期为10.13d。在广东、浙江等南方地区年发生20多代，能够终年繁殖。在华北及华东地区每年6—10月为为害盛期，在保护地蔬菜上可常年为害。

3. **西花蓟马**　西花蓟马卵产于植株花、叶、幼果或嫩茎组织内，每头成虫的产卵量可达200多粒，主要产在叶片上，沿着叶脉在叶毛下，未展开的花苞也是成虫喜好的产卵场所，温度高于35℃或低于15℃时，每头雌虫产卵数均显著减少。若虫喜欢在叶片背面取食为害，成虫则喜欢迁移至花中为害。成虫活跃、善飞能跳、怕光，在适宜条件下，该虫在温暖地区以成虫和若虫在许多作物和杂草上越冬，相对较冷的地区则在耐寒作物如苜蓿和冬小麦上越冬，寒冷季节还能在枯枝落叶和土壤中存活。

西花蓟马的发育历期长短与所处的环境温度及寄主植物有很大关系，15～35℃均能发育，发育适宜温度为20～30℃，25～35℃条件下2周内即可完成1代。在温室温暖的条件下，1年可连续发生12～15代。

西花蓟马自身扩散范围较小，远距离扩散主要依靠人为因素。它可以随种苗、花卉及其他农产品的调运而传播。

4. **花蓟马**　花蓟马卵单产于花组织表皮下，每雌可产卵77～248粒，产卵历期长达20～50d。成虫活跃、善飞能跳，喜欢在花中为害。二龄末若虫有入土化蛹的习性。花蓟马在一定温度范围内成虫寿命随温度的升高而缩短，在20℃恒温条件下完成1代需20～25d。在南方1年可发生11～14代，在华北、西北地区年发生6～8代，在海南可发生20代以上，无需越冬。在北方其成虫在枯枝落叶层、土壤表皮层中越冬，翌年4月中下旬出现第一代，10月下旬至11月上旬进入越冬代，每年6—10月是该虫的为害高峰期。

四、防治技术

防治蓟马应统筹兼顾，综合防治，建议采取清理环境、培育净苗、加强监测、蓝板诱杀、保护和释放天敌、合理用药等多项措施进行综合防控。

1. **清理环境**　蓟马喜欢在花内为害，尽量不要在蔬菜种植区周边种植月季、黄花菜（金针菜）等开花植物。上一茬拉秧后及时清洁田园，彻底铲除杂草、残株并集中销毁、掩埋处理，以减少田内虫口基数。每年夏季换茬时，利用夏季高温进行闷棚处理，方法是将棚内所有残株、杂草连根拔出，晾晒在棚内，再将棚室密闭7～10d，晴天天数不得少于3d，然后用10g/m³硫黄粉进行熏蒸。

2. **培育净苗** 尽管防虫网难以阻挡蓟马的扩散，但蓟马自身扩散能力有限，应当加强苗期管理，育苗前清理育苗环境，加强隔离，定植前进行净苗处理，以减少定植时的虫口基数，定植后加强监测，尤其花、叶片背面为重点监测位置，如发现蓟马为害，及时进行防治。

3. **物理防治** 蓟马对蓝色具有很强的趋性，可在蓟马发生期悬挂蓝板诱杀，最佳悬挂高度与植株生长点基本一致，但要根据作物品种适当调整，同时，在蓝板上涂抹聚集信息素，可有效提高诱集数量。

4. **生物防治** 蓟马的天敌种类较多，有小花蝽、捕食螨、寄生蜂和微生物等。小花蝽（*Orius* sp.）对蓟马具有较高的控制作用，可以通过人工释放或保护自然种群的方法防治蓟马，但小花蝽在秋季受光周期的影响进入滞育，防控效果下降。斯氏钝绥螨（*Amblyseius swirskii*）是捕食螨中对蓟马防控效果较好的种类，可以通过人工释放的方式对蓟马进行防控。

5. **合理用药** 由于目前用于防治蓟马的有效药剂较少。可以选用6%乙基多杀菌素悬浮剂1 000～2 000倍液、10%多杀霉素悬浮剂1 000倍液、10%溴虫氟苯双酰胺悬浮剂1 000倍液、5%甲氨基阿维菌素苯甲酸盐水分散粒剂1 000倍液进行防治。施药的时间以花瓣张开且蓟马较为活跃的上午9—10时以前为宜，施药时要做到均匀、细致，注意周边的杂草、地面、植株的上下部以及叶片的正反面都要喷到，应尽量避免在一个生长季连续多次使用一种药剂，对已经产生抗药性的杀虫剂要慎用或不用。

五、调查方法

根据蓟马类害虫的生物学特性选择其发生盛期或症状显露期进行调查，主要采取色板诱集法、盘拍法、直接计数法和采集法。

1. **色板诱集法** 在作物生长期悬挂蓝板或黄板，定期调查记录色板上诱集到的蓟马数量。

2. **盘拍法** 盘拍法是将白瓷盘或白纸置于植株中上部位叶片及花朵处，用手或小枝条轻轻拍打植株花蕾及上部幼嫩部位，然后快速估测蓟马的数量，判断蓟马的种类。此方法较为简单，不需要破坏性采集作物器官，能够同时调查整株植物上所有的蓟马，但是由于蓟马容易逃逸，田间肉眼识别困难，该方法调查到的蓟马数量容易受到调查者的操作熟练程度和经验影响。

3.**直接计数法** 田间轻轻翻动作物不同部位的叶片和花，直接调查统计蓟马的数量，判断蓟马的种类。

4.**采集法** 采集作物的叶片、花，放入自封袋或密封盒内，带回实验室，通过低温冷冻、二氧化碳熏蒸或倒入适量酒精，将蓟马致晕或致死，收集、鉴定、统计蓟马的种类和数量。

六、防治效果评价方法

1.**调查方法** 蓟马的调查是每小区标记10株，每株标记上、中部叶片1～2片，调查叶片正反面上的成、若虫数。由于西花蓟马、豆大蓟马、花蓟马成虫喜欢在花中聚集为害，调查方法是每小区随机选取40朵花，将采集的花朵一一装入封口袋内带回实验室进行计数。

2.**调查时间** 根据不同蓟马的为害特点确定调查部位，施药前进行基数调查，施药后1d、3d、7d各调查1次，对作用效果较慢的药剂可调查药后10～14d的效果。

3.**药效评价方法**

$$虫口减退率 = \frac{施药前虫数 - 施药后虫数}{施药前虫数} \times 100\%$$

$$防治效果 = \frac{处理区虫口减退率 - 空白对照区虫口减退率}{100 - 空白对照区虫口减退率} \times 100\%$$

番 茄 潜 叶 蛾

一、分布与为害

番茄潜叶蛾 [*Tuta absoluta* (Meyrick)] 又名南美番茄潜叶蛾、番茄潜麦蛾等，属鳞翅目麦蛾科茄麦蛾属，起源于南美洲的秘鲁，目前已在非洲、欧洲、南美洲、亚洲的116个国家和地区发生。具有寄主种类多、适生区域广、繁殖能力强、危害损失重等特点；严重危害番茄，一般可造成番茄减产20%～30%，重者达50%以上、甚至绝收。我国于2017年8月首次在新疆伊犁发现番茄潜叶蛾，目前已在西北、西南、华中、华北、华东、东北地区的19个省份、390个县级行政区发生，并呈快速扩展蔓延态势，严重威胁番茄产业安全。

番茄潜叶蛾寄主植物有11科50种（属），包括茄科、藜科、豆科、菊科、旋花科、苋科、十字花科、锦葵科、禾本科、葫芦科、大戟科。主要为害茄科植物，尤其偏好各种品种的番茄、马铃薯、茄子，以及人参果、烟草、甜椒、酸浆等，和世界广布种杂草龙葵。

田间调查结果显示，番茄潜叶蛾在我国主要为害茄科植物，寄主植物种类有7种，包括5种栽培作物，即番茄（包括大果鲜食番茄、樱桃番茄以及加工番茄等品种）、马铃薯（包括各种皮色和薯肉颜色的品种）、茄子（包括圆茄子、长茄子、矮茄子等品种）、人参果（包括圆形果、长形果等品系）、酸浆（又名锦灯笼、红菇娘）；2种杂草，即龙葵和喀西茄。

寄主植物的种类（品种）不同，番茄潜叶蛾的发生危害程度各异。按照不同作物受害程度大小进行排序，依次为番茄＞马铃薯＞茄子＞烟草；按照番茄品种受害程度大小进行排序，依次为樱桃番茄＞大果鲜食番茄＞加工番茄；杂草中龙葵的受害程度较喀西茄重。

番茄潜叶蛾主要以幼虫为害，嗜食番茄，可取食为害番茄地上部的任一部位，包括叶片、花蕾、果实、心芽、嫩芽、嫩茎等，为害马铃薯时还可蛀食块茎。为害方式主要包括3种。一是潜食叶肉。以各龄期幼虫潜入寄主植物叶片组织内取食叶肉，形成半透明的潜道或窗纸样、形状各异的潜斑；当虫口密度比较大时常导致叶片皱缩、干枯，仅残留绿色叶脉，严重影响寄主植物的光合作用，造成大幅减产。二是蛀食花蕾、果实。大量发生时幼虫可蛀食花蕾，导致花蕾脱落或不开花，亦可蛀食幼果，导致果实畸形或生长停滞、增加人工分拣成本，或招致次生致病菌寄生，造成果实腐烂。三是蛀食心芽顶芽。幼虫蛀食幼苗心芽顶芽时，常使幼苗生长点缺失，造成毁苗重播；蛀食顶梢、嫩茎时，常造成丛枝或叶片簇生、少花或无花，导致撂荒弃管。另外，幼虫还喜好在茄科植物果实与果萼连接处蛀食，造成幼果未熟先落。

番茄潜叶蛾幼虫潜食叶片形成不规则的潜道或潜斑

番茄潜叶蛾幼虫蛀食番茄果实

番茄潜叶蛾为害番茄幼苗

番茄潜叶蛾严重为害保护地番茄造成一片枯焦

二、形态特征

成虫：体淡灰褐色、灰褐色或棕褐色，鳞片银灰色；触角丝状，细长；前翅狭窄，端部具有长缘毛，翅基部至端部具有褐色、银灰色或棕褐色近圆形斑纹；足细长。雄虫体长6.3～7.1mm，翅展8.7～13.2mm，雌虫较雄虫个体稍大。触角、下唇须、足均具有灰白色和暗褐色相间的横纹。

番茄潜叶蛾成虫
1.雌成虫　2.雄成虫

卵：卵粒为椭圆形或近圆柱形，具光泽，大小约为0.36mm×0.22mm。初产时呈奶白色，后逐渐变为淡黄色、橘黄色；即将孵化时为棕黄色，卵壳半透明，卵壳内的幼虫虫体以及2个棕红色眼点清晰可见。

番茄潜叶蛾2日龄卵以及即将孵化的卵

幼虫：共4个龄期，典型识别特征为前胸背板棕黄色，其后缘具有2条棕褐色或黑褐色的斑纹。不同龄期幼虫的体型、体色有变化。初孵幼虫为奶白色或淡黄白色，头部棕黄色或棕褐色，随着幼虫取食和龄期增加，体色变为淡绿色或背部带有淡粉红色或淡紫色不规则晕斑。幼虫头部背面观为三角形。各龄期幼虫3对胸足为淡黄白色至淡绿色，半透明，具有不规则的褐色晕斑。5对腹足亦为半透明。各龄期幼虫体长分别为一龄幼虫0.80 ~ 1.52mm，二龄幼虫0.91 ~ 3.33mm，三龄幼虫2.42 ~ 4.89mm，四龄幼虫4.18 ~ 7.32mm。

番茄潜叶蛾一至四龄幼虫

番茄潜叶蛾幼虫典型识别特征（示前胸背板后缘两条棕褐色斑纹）

蛹：被蛹，长纺锤形，腹部末端尖。体长3.8～4.5mm，最长可达6.0mm；体宽0.95～1.26mm。初期为翠绿色，逐渐变为棕绿色、棕褐色，羽化前为黑褐色。复眼棕红色或黑褐色。足芽、翅芽明显，触角芽伸达腹部第六腹节。

番茄潜叶蛾蛹

三、发生规律

番茄潜叶蛾无滞育现象，周年均可发生为害，依据其发生环境1年可发生10～12代，世代重叠现象严重，各世代高峰不明显。在寒冷的地域或季节，主要在保护地发生；在温暖的地域或季节，主要在露地发生。春末夏初由保护地借助通风口迁往露地，秋末由露地经由通风口回迁至保护地。在西南区域，春季至秋季发生较重，冬季发生较轻；在西北区域，夏季至秋季发生较重，冬季和春季发生较轻。在较适宜温度（25℃）条件下，完成一个世代约需22d；在较低温度（15℃）条件下，各虫态发育历期延长，完成一个世代约需60d。环境温度高于9℃时，各虫态均可生长发育。番茄从出苗到拉秧均可受害，保护地常较露地受害重。

番茄潜叶蛾成虫不具有取食补充营养的习性，对糖醋酒液也无任何趋向性。雄虫对雌虫释放的性信息素异常敏感。成虫寿命6～25d，雌虫常较雄虫寿命长。羽化当天即可交配，交配当天即可产卵，且产卵比较集中，雌虫产卵的前4d产卵量约占总产卵量的90%；每头雌虫产卵量少的100～200粒，多的达300粒以上。卵多产在叶片正面、背面或近叶脉处，嫩茎、花萼（果萼）、果面的落卵量较少。苗期可在任一部位产卵，成株期更倾向于在植株中上部产卵。卵多为单粒散产，或3～5粒聚产。

番茄潜叶蛾初孵幼虫不取食卵壳，孵化后随即潜入叶片或蛀果为害，幼虫具有转移取食为害习性，三龄开始进入暴食期。幼虫老熟后多入土化蛹，化蛹深度约2cm，少数老熟幼虫也能在叶片皱褶处、植株分枝处、茎秆与吊秧绳交接处、果萼、果实表面等部位化蛹。受保护地、露地、覆盖地膜、盆栽、铺设地砖（地布）、使用吊秧绳（架竿）等不同栽培方式或管理模式的影响，老熟幼虫还可在地膜覆盖土、种植孔周边、花盆托盘底部、花盆盆底、花盆翻边内侧、地砖缝隙、花盆托盘底部地面、地布表面、架竿缝隙等部位化蛹。可吐丝结一薄丝茧并粘缀些许植株碎屑及细碎土粒化蛹，亦有少量个体不结茧而直接化蛹。

番茄潜叶蛾主要随带虫番茄幼苗和茄科作物果实进行长距离传播，而短距离扩散主要通过成虫自主飞行、幼虫吐丝下垂，以及成虫借助风力、幼虫借助水流或通过农事操作等进行传播。

四、防治技术

1. 农业防治

（1）合理轮作倒茬。与非茄科作物轮作，或与水稻等进行水旱轮作。

（2）选用清洁无虫苗。不从番茄潜叶蛾发生区购买和调运番茄苗；棚室入口处和通风口安装防虫纱网（40 ~ 60 目*）。

（3）清洁田园。清除茄科作物残株及杂草；整枝打杈，疏除的花、果等集中销毁；落架前施药，就地覆膜堆闷（添加EM堆肥发酵菌剂）。

（4）低温冻棚或高温闷棚。冬季低温冻棚（至少30d），夏季高温闷棚。

2. 理化诱控

（1）灯光诱杀。成虫发生期，紫外杀虫灯（波长365 ~ 390nm），露地每5 ~ 10亩设1盏灯，保护地每个棚室设1盏灯，光源距地面1.0 ~ 1.2m，集虫装置加水（含0.2%洗涤液）。

（2）性诱捕杀。三角形黏胶性诱捕器，诱捕器底部距地面0.1 ~ 0.2m。保护地番茄还可采用蓝色粘虫板，或蓝色水桶式（水盆式）性诱捕器，直接放于地面。

3. 交配干扰
番茄苗定植前1周每亩布设60根迷向丝或迷向管，自动喷雾释放器每3 ~ 5亩布设1套。露地至少100亩连片使用，保护地至少50亩连片使用，外密内疏放置，距地面0.1 ~ 0.5m。

4. 天敌保护利用
种植蜜源植物（金盏菊、芝麻、荞麦、苦荞麦等）涵养天敌，避免使用广谱性杀虫剂，提倡精准用药，以保护和利用自然天敌。

5. 科学用药
初见幼虫潜道时，选择乙基多杀菌素、苏云金杆菌

---

* 目为非法定计量单位，20目对应的孔径约为0.95mm，40目对应的孔径约为0.44mm。

Bt-G033A、阿维菌素、氯虫·高氯氟、甲氨基阿维菌素苯甲酸盐（甲维盐）、四唑虫酰胺、氯虫苯甲酰胺等药剂，注意轮换用药。喷药时间选择非雨天下午（日落以后），抓住幼虫孵化始盛期，以提高防治效果。

五、调查方法

1.**成虫调查**　成虫发生情况调查采用性信息素诱捕法，自番茄定植后开始。露地番茄每块田布设3个性诱捕器（三角形黏胶式）。苗期，3个诱捕器呈正三角形布设，间距约50m，与田边距离大于5m；成株期，诱捕器放置于方便操作的田埂上，与田边相距约1m，诱捕器呈直线排列，间距约50m。保护地每个棚室布设2个诱捕器。苗期，棚室靠近入口处、中后部各1个，诱捕器与田边距离大于1m；成株期，诱捕器放于近通道的田埂上，与田边相距约1m。当每周每个诱捕器诱蛾量为1～3头雄虫时，为轻度发生；当每周每个诱捕器诱蛾量为4～30头雄虫时，为中度发生；当每周每个诱捕器诱蛾量多于30头雄虫时，为重度发生。

2.**幼虫调查**　幼虫发生情况采用田间目测调查法，自初见幼虫潜道时开始。每块田（棚室）采用W形5点取样，每点连续调查10株，记录为害株数；苗期全株调查，成株期每株上、中、下随机各选取2片叶、2个果实，记录受害叶片数、果实数，每片叶和果实的幼虫数，计算被害株率、被害叶率、百叶虫量、被害果率、每果的幼虫数。当番茄被害株率≥5%，或幼虫数量≥10头/百株时，需进行药剂防治。防治适期为幼虫孵化始盛期。

六、防治效果评价方法

1.**虫口数量监测**　在实施防治措施以后，定期监测虫口数量，以明确是否得到有效控制。成虫和幼虫数量监测分别采用性信息素诱捕法和目测调查法，具体方法参见"五、调查方法"。

2.**受害程度调查**　除监测虫口数量外，还需调查植物受害程度，包括被害株率、被害叶率、潜叶面积占比、蛀果率等，以评判防治效果是否明显。

3.**数据分析**　对监测调查获得的虫口数量和危害程度数据进行统计分析，以客观评价防治效果。

4.效果比较　倘若实施了多种防治措施，可通过防治效果对比分析，筛选出最有效的防治方法，以用于后续防治。

5.及时调整　如若发现防治效果不理想，需及时调整防治措施，以提高防效。

小 麦 条 锈 病

一、分布与为害

小麦条锈病是由条形柄锈菌小麦专化型（*Puccinia striiformis* West. f. sp. *tritici* Eriks et Henn）引起的小麦真菌病害，俗称黄疸、黄筋。小麦条锈病菌属担子菌纲冬孢菌亚纲锈菌目柄锈菌科柄锈菌属。

小麦条锈病广泛分布于全国各小麦产区，根据《全国植保统计资料》2015—2019年统计，条锈病在我国20多个省（自治区、直辖市）发生，按照其发生特点可划分为越夏区、冬繁区和流行区。越夏区是指夏季最热旬平均气温23℃以下的区域，主要包括我国西北、西南等冷凉山区。条锈病菌可以在此区继续侵染小麦度过夏季，并向本区及临近地区秋苗传播，是条锈病源头治理的重点区域。冬繁区是指距离越夏菌源区较近，秋苗发病且冬季可继续生长繁殖的地区，可为春季流行提供大量菌源，主要包括四川盆地、陕西汉水流域、湖北江汉平原和西北部、河南南部、云南等，是控制条锈病流行的关键区域。流行区是指春季条锈病容易发生流行的地区，包括陕西、甘肃、青海、宁夏、新疆、四川、重庆、云南、贵州、西藏、湖北、河南、山东、河北、山西、安徽、江苏等，根据发生频率，该区又细分为常发区、易发区和偶发区。该区是我国小麦主产区，是条锈病防控的重要区域。

二、症状特征

小麦条锈病菌以感染小麦叶片为主，叶鞘、穗、芒均可受害，一般冬小麦当年10月至次年6月，晚熟冬麦和春小麦5—8月都可发病。受侵染后，初期在麦叶的表面出现褪绿斑点，之后长出黄色的粉疱，这种粉疱叫夏孢子堆，后期又长出黑色的疱斑，叫冬孢子堆。夏孢子堆小，鲜黄色，狭长形至长椭圆形，排列成条状并与叶脉平行，幼苗期不成行排列。冬孢子堆黑色，狭长形，埋伏于表皮下，成条状。

小麦条锈病苗期症状

小麦条锈病拔节期症状

小麦条锈病穗期症状

三、发生规律

在我国，小麦条锈病菌主要以夏孢子世代在小麦上逐代侵染完成周年循环，是典型的远程气传病害。夏孢子落在寄主叶片上，在适宜的温度(14 ～ 17℃)和有水膜的条件下侵染小麦。病菌在麦叶组织内生长10 ～ 15d后，便在叶面上产生夏孢子堆。每个夏孢子堆可持续产生夏孢子若干天，夏孢子繁殖很快。夏孢子可随风传播，风的方向和强度决定了夏孢子传播的方向和距离。夏孢子可通过强大气流带到

1 599 ～ 4 300m的高空，吹送到几百千米至2 400km以外的地方而不失活性进行侵染。病菌孢子借助东南风和西北风的吹送，在高海拔冷凉地区的小麦上越夏，在低海拔温暖地区的冬麦上越冬，完成周年循环。我国黄河、秦岭以南较温暖地区，小麦条锈病菌从秋季到小麦收获前均可为害。黄河、秦岭以北冬季小麦生长停止地区，最冷月月均温不低于－6℃或有积雪不低于－10℃的地方，病菌主要以潜育菌丝状态在存活的麦叶组织内越冬，待第二年春季温度适宜生长时，再繁殖扩大为害。

侵染小麦产生夏孢子堆

夏孢子重复侵染

小麦上产生冬孢子堆与冬孢子

在小麦上进行无性繁殖

气流传播锈孢子侵染小麦

冬孢子萌发产生担孢子

锈孢子

在转寄主小檗上进行有性繁殖

担孢子侵染小檗叶片产生性孢子器

锈孢子器

小檗叶片背面产生锈孢子器

性孢子

性孢子器

小麦条锈病侵染循环

四、防治技术

小麦锈病的防治应贯彻"预防为主，综合防治"的植保方针，坚持"综合治理与越夏菌源的生态控制相结合"和"选用抗病品种与药剂防治相结合"的绿色防控理念，严把"越夏菌源控制"、"秋苗病情控制"和"春季应急防治"三道防线。综合运用发现一点、防治一片，点片防治与普治相结合，群防群治与统防统治相结合等多项措施，把为害损失压低到最低限度。

1. **预防措施**　因地制宜种植抗病品种是防治小麦条锈病的基本措施。小麦收获后及时翻耕灭茬，消灭自生麦苗，减少越夏菌源。搞好大区抗病品种合理布局，切断菌源传播路线。有条件的地区，做好适期晚播，从时间上避开发病侵染主要时期，减轻发病程度。

2. **药剂防治**

（1）药剂拌种。用种子质量0.03％的戊唑醇或三唑酮拌种。非种衣剂类要求干拌，拌种力求均匀，拌好的种子当日播完。注意：三唑酮拌种要严格掌握用药剂量，避免出现药害。

（2）大田喷药。对早期出现的发病中心要集中进行围歼防治，控制其蔓延。大田病叶率达0.5％～1％时立即进行防治，选用三唑酮、烯唑醇、戊唑醇、氟环唑、丙环唑等药剂，按规定剂量喷雾，并及时查漏补喷。重病田3～5d后第二次喷药，注意轮换用药。

秋播药剂拌种

3. **生态控制措施**

（1）陇南、川西北菌源区生态治理。改善当地农业生态环境，调整优化作物结构，压缩小麦面积，减少越夏菌源量，切断病菌周年循环，延缓病菌变异。

植保无人机大面积喷药防治小麦条锈病

（2）抗病品种的合理布局。利用抗条锈基因的丰富性，选育抗病品种，不同抗病基因品种合理布局，阻滞病菌变异和发展，抑制新小种上升为优势小种，延缓品种抗性丧失速度，延长品种使用年限。

4．有性世代综合防控

（1）小檗是条锈病菌有性生殖的主要寄主，可通过铲除麦田周边50m内的小檗，或在小檗初侵染期选用三唑类药剂喷雾防治，阻断病菌有性生殖。

（2）将麦秸带离麦田进行资源化利用，或对麦田和小檗附近的小麦秸秆堆垛进行遮盖，阻止小麦上的病菌（冬孢子）向小檗传播。

（3）铲除麦田及周边杂草，减少病菌寄主和菌源量。

麦田边的小檗

麦秸垛遮盖

对发病早期的小檗喷药防治

五、调查方法

1. **病情调查**　选择发病面积大于1亩的麦田20～30块，每块田5点取样，每点实查67m²，检查发病点和调查病叶数。调查结果记入下表。

小麦条锈病调查记载表

调查日期	地势	调查田块	发病田块	病田率(%)	品种	生育期	调查点数	每点面积	有病点数	病点率(%)	发病中心					单片病叶数	总病叶数	每亩病叶数	普遍率(%)	严重度(%)
											合计	面积		病叶数						
												大	小	多	少					

注：发病中心指单垄33cm有3个以上病叶；普遍率=(病叶数/调查叶片数)×100%；

严重度=(Σ各级叶片数×相应级数/调查叶片数)×100%；各级严重度按照病叶上夏孢子堆数量多少进行分级，一般分为1%、5%、10%、25%、40%、65%、80%、100%共8级。

2. **防效调查**　选择采取防治措施的麦田，或示范区防治处理的麦田，药剂防治田分别于用药后7d、14d，或用其他绿色防控措施的麦田在防治结束后小麦收获前，采用5点取样调查防效。

$$病情指数 = \frac{\sum（严重度级值 \times 各级株数）}{调查总株数 \times 最高级代表值} \times 100$$

$$防治效果 = \frac{对照区病情指数 - 处理区病情指数}{对照区病情指数} \times 100\%$$

条锈病严重度分级标准，用病叶上病斑面积占叶片总面积的百分率表示严重度，分级表示共设8级，分别用1%、5%、10%、20%、40%、60%、80%、100%表示，对处于等级之间的病情则取其接近值，虽已发病但严重度低于1%，按1%计。

六、防治效果评价方法

1. 经济效益

挽回产量损失率=对照区产量损失率-防治处理区产量损失率

经济效益=增加产出经济值（挽回产量损失值）-投入经济值（实际投入值）

2. 生态效益

减药效果=对照区（完全药剂防治区）用药量-处理区（综合防治区）用药量

3. 社会效益

农药残留量=对照区农药残留量-处理区农药残留量

增加收益=处理区总收益-对照区总收益

小 麦 赤 霉 病

一、分布与为害

小麦赤霉病又名烂穗病、麦秸枯、烂麦头、红麦头、红头瘴等，是由半知菌亚门镰孢属的若干个种引起的真菌病害。主要病原有禾谷镰孢（*Fusarium graminearum* Schw.）、亚洲镰孢（*F. asiatisum* O' Donnell, T. Aoki, Kistler & Geiser）、 假 禾 谷 镰 孢（*F. pseudograminearum*

O'Donnell & T. Aoki）、燕麦镰孢 [*F. avenaceum*（Fr.）Sacc.]、黄色镰孢 [*F. culmorum*（Wm. G. Sm.）Sacc.] 等。我国优势种主要是禾谷镰孢和亚洲镰孢，长江中下游麦区以亚洲镰孢为主，黄淮麦区以禾谷镰孢为主。近年来，假禾谷镰孢在黄海麦区的病菌群体中占比不断增加。小麦赤霉病在全国各麦区均有分布，以淮河以南及长江中下游麦区发生最为严重，黑龙江春麦区也常严重发生。近年来，受耕作制度和全球气候变化等因素的影响，小麦赤霉病逐渐向北蔓延，发病面积不断扩大至黄淮海和西北等广大冬麦区。受害小麦一般可减产 1 ~ 2 成，大流行年份减产 5 ~ 6 成，甚至绝收，对小麦生产构成严重威胁。

二、症状特征

小麦生长的各个阶段都能受害。苗期侵染引起苗腐，中后期侵染引起秆腐和穗腐，尤以穗腐危害性最大。穗腐是由病菌侵染花药、颖片内侧壁等引起，通常 1 个麦穗的小穗先发病，然后迅速扩展到穗轴，进而使其上部其他小穗迅速失水枯死而不能结实。表现症状为侵染初期在颖壳上呈现边缘不清的水渍状褐色斑，渐蔓延至整个小穗，病小穗随即枯黄。高温高湿条件下，发病后期的小穗基部出现粉红色胶质霉层。

小麦赤霉病苗期症状

小麦赤霉病茎秆症状　　　　　　小麦赤霉病穗部症状

三、发生规律

赤霉病菌以腐生状态在田间稻桩、玉米根茬、小麦秸秆等各种植物残体上越夏越冬。春天，田间残留在稻桩、玉米根茬、小麦秸秆上的病菌在一定温、湿度条件下产生子囊壳，成熟后吸水破裂，壳内病菌孢子喷射到空气中，并随风雨传播（微风有利于传播）到麦穗上，引起发病。病菌在田间残留的秸秆上产生的大量分生孢子也能作为初侵染源侵染麦穗。小麦收获后，病菌在田间稻桩、玉米、小麦秸秆上越夏、越冬。

赤霉病的发生和流行强度主要取决于品种抗病性、菌源量、抽穗至灌浆期的气候条件等因素。一般来说，品种穗形细长、小穗排列稀疏、抽穗扬花整齐集中、花期短的品种较抗病。田间稻桩和病残体带菌率高，空气中病菌孢子多，病害流行的风险也随之升高。小麦抽穗至灌浆期（尤其是小麦扬花期）温湿度是病害发生轻重的最重要因素；抽穗至灌浆期如遇2d以上连阴雨和大雾、日平均气温大于14℃天气，病害就可能流行成灾。

小麦赤霉病主要侵染循环示意图

四、防治技术

小麦赤霉病防治采取以农业防治为基础，减少初侵染源，选用抗病品种和关键时期药剂保护的综合防治策略。

1. **选用抗病品种** 赤霉病常发区应选用中等抗性以上的品种，不种高感品种。播种时要精选种子，减少种子带菌率。控制播种量，避免植株过于密集和通风光照不良。长江流域麦区宜选用苏麦、扬麦系列品种。

2. **农业防治** 播种前处理前茬作物病残体，利用机械等方式粉碎作物残体，翻埋土下，使土壤表面无完整秸秆残留，减少田间初侵染菌源数量。适当控制氮肥、增施磷钾肥，防止倒伏和早衰。扬花期应少灌水，做好开沟排水，做到雨过田干，沟内无积水。

3. **药剂防治** 小麦赤霉病防治的关键是抓好抽穗扬花期的喷药预防，即在小麦抽穗扬花关键时期，见花打药，主动预防，遏制病害流行。对高感品种，小麦抽穗至扬花期如天气预报有连阴雨、结露和多雾天气，首次施药时间应提前至破口期。药剂品种可选用氰烯菌酯·戊唑醇、戊唑醇·丙硫菌唑、氟唑菌酰羟胺·丙环唑等高效药剂，同时要用足水量。施药后3～6h内遇雨，雨后及时补治。遇病害严重流行年份，第一次防治后5～7d再喷药1～2次，确保控制效果。对多菌灵抗性高水平地区，应停止使用苯并咪唑类药剂，提倡轮换用药和混合用药。赤霉病偶发区，可结合其他病虫防治，在抽穗扬花期进行"一喷多防"，兼治多种病虫害。

小麦花期地面大型机械施药预防

植保无人机应急防治

五、调查方法

1.**病情调查**　选择不同处理区不同类型发病麦田10块以上，每块田5点取样，每点查500穗，结果记录于下表。

小麦赤霉病发病情况调查表

调查日期	调查地点	类型田	品种	调查穗数（个）	病穗数（个）	病穗率（%）	各严重度级别穗数（个）					病情指数	备注
							0	1	2	3	4		

$$严重度 = \frac{\Sigma\,各级叶片数 \times 相应级数}{调查叶片数} \times 100\%$$

各级病情严重度以小麦穗部发病情况划分，共分5级：0级无病；1级病小穗数占全部小穗的1/4以下；2级病小穗数占全部小穗的1/4～1/2；3级病小穗数占全部小穗的1/2～3/4；4级病小穗数占全部小穗的3/4以上。

2.**防效调查**　采用药剂防治的田块分别于药后7d、14d，其他绿色防控措施的麦田防治结束后收获前，每块田5点取样，进行防效调查，计算病情指数和防治效果。

六、防治效果评价方法

1.**防治效果**

$$病情指数 = \frac{\Sigma\,(严重度级值 \times 各级株数)}{调查总株数 \times 最高级代表值} \times 100$$

$$防治效果 = \frac{对照区病情指数 - 处理区病情指数}{对照区病情指数} \times 100\%$$

2.**经济效益**

挽回产量损失率＝对照区产量损失率－防治处理区产量损失率

经济效益＝增加产出经济值（挽回产量损失值）－投入经济值（实际投入值）

3.**生态效益**

减药效果＝对照区（完全药剂防治区）用药量－处理区（综合防治区）用药量

天敌增加量＝处理区天敌数量－对照区天敌数量

4. 社会效益

农药残留量＝对照区农药残留量－处理区农药残留量

增加收益＝处理区总收益－对照区总收益

稻　瘟　病

一、分布与为害

稻瘟病又名稻热病、火烧瘟、叩头瘟、掐颈瘟、吊头瘟等。稻瘟病病原菌分为无性态和有性态，无性世代为半知菌亚门灰梨孢属*Pyricularia grisea*（Cooke）Saccardo；有性世代为子囊菌亚门*Magnaporthe grisea*（Hebert）Barr comb. nov.，有性态只在人工培养条件下出现，自然条件下鲜有发生。稻瘟病在我国各稻区均有分布，发生程度在地区间、品种间、年度间差异较大，一般山区、早晚露雾大、湿度高、光照少的稻区发病重。近年因种植感病品种，或同一品种在同一地区大面积种植多年，平原稻区也常有稻瘟病发生，造成严重产量损失。如2014年安徽两优0293因连续种植6～7年，黑龙江空育131大面积种植十几年，导致稻瘟病大面积发生为害。稻瘟病主要防治区域为山区、半山区，早晚露雾大、湿度高、光照少的稻田；种植感病品种，施化肥尤其是氮肥多，稻株生长浓绿、茂密，采用井水、水库水等冷凉水灌溉的田块。

二、症状特征

稻瘟病可在水稻各生育期发生，可感染不同部位，根据感染部位分为苗瘟、叶瘟、叶枕（节）瘟、穗颈瘟、枝梗瘟、谷粒瘟。

1. 苗瘟　秧苗3叶期前发病，主要由种子带菌引起。初在芽和芽鞘上出现水渍状斑点，病苗基部灰黑色枯死，无明显病斑。3叶期后病斑呈短纺锤形、棱形或不规则小斑，灰绿色或褐色，湿度大时病斑上产生青灰色霉层，严重时成片枯死。

2. 叶瘟　秧苗后期、移栽后至抽穗期均可发病，分蘖盛期发病较

111

稻瘟病苗瘟症状

多。因品种、气候条件等因素影响，叶
瘟病斑变化较大，可引起死秧、死苗，
严重的造成全田死苗。初期病斑为水渍
状褐点，随后病斑逐步扩大，可造成叶
片枯死。根据病斑形状、大小和色泽的
不同，可将叶瘟分为4种病斑类型：急性
型、慢性（普通）型、白点型和褐点型。

稻瘟病急性型叶瘟症状

稻瘟病褐点型叶瘟症状　　　　　稻瘟病慢性（普通型）叶瘟症状

稻瘟病白点型叶瘟症状

3.**叶枕瘟、节瘟**　叶枕瘟发生在叶片和叶鞘连接的叶片基部叶耳、叶环和叶舌（叶枕）上。初期病斑灰绿色，后呈灰白色或褐色，潮湿时长出灰绿色霉层，可引起病叶枯死和穗颈瘟。节瘟与穗颈瘟相似，初在稻节上产生褐色小点，后围绕节部扩展，使整个节部变黑腐烂，干燥时病部易横裂折断，早期发病可造成白穗。

稻瘟病叶枕瘟症状

稻瘟病节瘟症状

4.穗颈瘟、枝梗瘟　穗颈瘟是造成最直接、最严重损失的稻瘟病症状，可导致不同程度的产量损失甚至颗粒无收。发生于穗下第一节穗颈上，病斑初期为水渍状暗褐色，后变黑褐色，高湿条件下病斑产生青灰色霉层，气候条件适宜时出现急性穗颈瘟。枝梗瘟发生于稻穗枝梗上，只影响发病枝梗上的谷粒，症状与穗颈瘟相似，形成部分枝梗白穗。

稻瘟病穗颈瘟症状

稻瘟病枝梗瘟症状

5.**谷粒瘟** 发生在谷粒的内外颖上。发病早的病斑呈椭圆形褐色斑点，边缘暗褐色，中部灰白色，潮湿时病部长出灰绿色霉层。

稻瘟病谷粒瘟症状

三、发生规律

稻瘟病是以种传、气传为主的传染性病害，在水稻各个生育期、植株各个部位均可发生为害。除大量的病原菌外，其发生、流行、为害还与水稻品种抗病性、耕作栽培制度、肥水管理、气候条件等因素密切相关。稻瘟病菌以菌丝和分生孢子在病稻草和感病谷粒上越冬，病稻草和带菌种子是翌年病害初次侵染的主要来源。带菌种子播种后即可引起苗瘟。病稻草上越冬的病菌，翌年气温回升到20℃左右时，遇降雨或高湿度，能不断产生分生孢子。孢子主要借气流传播，其次是雨水和昆虫。分生孢子传到稻株叶片上，在适宜的温湿度下，萌发产生芽管，直接侵入稻株组织表皮。稻瘟病出现病斑后，在适宜气候下病斑上会产生大量分生孢子，借气流传播，进行再侵染。单、双季稻混栽地区，病菌相互传播侵染机会大，可加重为害。叶片上（尤其是倒2、3叶）的病斑形成的分生孢子是引起穗颈瘟的主要菌源。

稻瘟病侵染循环示意图

四、防治技术

1.加强监测预报

（1）叶瘟。设立稻瘟病观测圃，依据水稻品种抗性，从苗期、移栽至孕穗后期进行叶瘟监测，感病品种上如发现中心病株，同时又恰逢适温（25～30℃）高湿（相对湿度90%以上），1周后叶瘟将普遍发生。如出现急性病斑且数量急剧增加，叶瘟就会大发生，需要马上施药，封锁发病中心。

（2）穗颈瘟。穗颈瘟发生与种植的水稻品种抗性、品种在孕穗至抽穗扬花期遇到的适宜气候条件（同叶瘟）有密切关系。发生过苗瘟、叶瘟，种植的是感病品种，或穗期遇适温、阴雨、早晚多露雾天气，则预示穗颈瘟会发生且严重，反之则可能轻发生或不发生。通常发生了苗瘟、叶瘟的品种、田块，穗颈瘟也会发生。

2.种植抗性品种
种植高产、优质、抗病品种（组合）。品种要科学、合理布局，避免单一品种大面积连片、多年种植。

3.种子处理
浸种前晒种1～2d（强日照1d，弱日照2d）。用10kg清水＋3～4kg黄泥或2kg工业盐选种。药剂浸种采用1%石灰水，早稻气温10～15℃下浸种3～4d，晚稻气温20～25℃下浸种1～2d，石灰水层要高出种子15cm左右，加盖静置。浸种后用清水清洗3～4次，催芽播种；或选用45%咪鲜胺水乳剂、70%甲基硫菌灵可湿性粉剂、40%异稻瘟净乳油浸种，早稻用1 000倍液浸2～3d，晚稻用500倍液浸1d。

4.清除病稻草 播种前彻底清除病稻草，不用陈稻草盖种、催芽、保湿覆盖，病区或带病种子不能留种，消灭越冬菌源。

5.药剂防治 稻瘟病防治采取"预防为主、发病初期喷药治疗"的策略。秧苗移栽前2～3d喷施送嫁药带药移栽。苗瘟、叶瘟在稻株叶片出现病斑或发病中心时，应立即喷药防治。发生过苗瘟、叶瘟的田块、老病区、种植感稻瘟病品种，水稻中后期长势茂密、嫩绿，孕穗中后期至扬花灌浆期遇连续适温（25～30℃）、阴雨高湿（连续5d以上阴雨或相对湿度90%以上）的天气，则必须喷药预防穗颈瘟。预防穗颈瘟应在水稻破口期第一次施药，抽穗扬花至齐穗期第二次施药。

尚未出现病斑、初见病斑或发病株时，药剂可选用75%三环唑可湿性粉剂，每亩对水30～45kg，连续施药2～3次，间隔7～10d。当田间出现稻瘟病病斑或发病株时，应立即喷药治疗，药剂可选用1 000亿孢子/g枯草芽孢杆菌可湿性粉剂、75%肟菌·戊唑醇水分散粒剂、4%春雷霉素水剂，每亩对水量30～45kg，均匀喷雾，连续施药2～3次，每次间隔7～10d。

五、调查方法

叶瘟和穗颈瘟在田间均为聚集型分布，宜采用平行跳跃式或Z形方法调查取样。每块田5点取样，如田块面积较大，可将田块分成3个小区，每小区5点取样调查。

1.叶瘟 选择有代表性的稻田3块，每块田按平行跳跃式5点取样，每点调查5丛水稻的叶片，从水稻分蘖开始至始穗期为止，每5d调查1次。记载病叶数、急性型病斑数，进行严重度分级，计算病叶率、病情指数。

2.穗颈瘟 水稻乳熟期开始至蜡熟期为止，每块田按平行跳跃式5点取样，每点调查10丛，共调查50丛水稻的稻穗，每7d调查1次。记载病穗数，进行严重度分级，计算发病率和病情指数。

3.病情普查 分别于水稻分蘖末期、孕穗末期各进行1次叶瘟普查，于蜡熟期进行穗颈瘟普查。在出现有利于发病的气候条件时，进行面上普查，记载发病率和严重度，计算病情指数。

六、防治效果评价方法

使用药剂防治稻瘟病时，于施药前调查病害发生情况（发病率和病情指数，下同），最后一次药后14d、21d各调查1次病害发生情况。苗瘟、叶瘟调查分级标准见表1，穗颈瘟调查分级标准见表2。

$$病情指数 = \frac{\Sigma（各严重度级值 \times 各级严重度病株数）}{调查总株数 \times 严重度最高级代表值} \times 100$$

$$防治效果 = \frac{空白对照区病情指数 - 处理区病情指数}{空白对照区病情指数} \times 100\%$$

表1　水稻苗瘟、叶瘟调查分级标准

病级	症状
0	无病
1	针头状大小褐点，直径＜1mm
3	圆形至椭圆形灰色病斑，边缘褐色，直径1～2mm
5	典型纺锤形病斑，长1～2cm，通常局限在两叶脉之间，病斑面积占叶面积的2.0%～10.0%
7	典型纺锤形病斑，病斑面积占叶面积的10.1%～50.0%
9	典型纺锤形病斑，病斑面积占叶面积的50.1%～75.0%，或全叶枯死

表2　水稻穗颈瘟调查分级标准

病级	穗颈瘟受害情况	单穗受害情况
0	病穗率为0（无病）	穗上无病，每穗损失率≤0.5%
1	病穗率≤1.0%	每穗损失率0.6%～5.0%（个别小枝梗发病）
3	病穗率为1.1%～5.0%	每穗损失率5.1%～15.0%（1/10～1/5左右枝梗发病）
5	病穗率为5.1%～25.0%	每穗损失率15.1%～30.0%（1/5～1/3左右枝梗发病）
7	病穗率为25.1%～50.0%	每穗损失率30.1%～50.0%（穗颈或主轴发病，谷粒半瘪）
9	病穗率≥50.1%	每穗损失率≥50.1%（穗颈发病，大部分瘪谷或造成白穗）

南方水稻黑条矮缩病

一、分布与为害

南方水稻黑条矮缩病2001年首次发现于我国广东省，随后在我国南方稻区和越南北部稻区迅速扩散，主要为害我国长江以南稻区的中稻和双季晚稻。该病常年导致我国300万～375万亩水稻受害，大暴发的2010年受害面积达2 055万亩，受害田块稻谷产量损失30%以上，重病田块绝产失收。由于分蘖期以后受病毒侵染的植株症状不明显，该病害实际分布区域远大于受害面积。我国南方稻区每年防控面积约900万亩，主要通过内吸性杀虫剂拌种和秧苗带药移栽预防水稻生长早期的白背飞虱传毒。

南方水稻黑条矮缩病的病原为南方水稻黑条矮缩病毒（*Southern rice black-streaked dwarf virus*，SRBSDV），属呼肠孤病毒科（*Reoviridae*）斐济病毒属（*Fijivirus*）。病毒粒体球状，直径为70～75nm，仅分布于感病水稻植株的韧皮部，在细胞内聚集成晶格状的结构。病毒基因组为10条双链RNA，共编码13个基因。在自然界里，SRBSDV仅通过白背飞虱传播，病毒可在虫体内复制增殖，虫体一旦获毒即终身带毒，但不能通过虫卵传至下代飞虱。无毒白背飞虱在水稻病株上取食获毒，最短获毒的取食时间为5min。获毒后的白背飞虱不能立即传毒，需经过6～14d的潜育期才能传毒。经过潜育期的带毒白背飞虱通过取食将病毒传至健康稻株，最短传毒取食时间为30min。

二、症状特征

南方水稻黑条矮缩病的典型症状为植株矮缩，叶色深绿色，拔节期后茎秆表面纵向排列乳白色至褐黑色瘤状突起，高节位着生气生根及分蘖。症状因病毒侵染时期不同而异，通常在感病后2～3周出现明显症状。秧苗期染病的稻株在分蘖初期显症，表现为植株严重矮化，不能拔节，不能抽穗，重病株早枯死亡；分蘖初期感病稻株，在拔节期显症，株高为正常稻株的1/2，不抽穗或抽包颈穗；分蘖后期感病稻株，在抽穗期显症，病株稍矮化，茎秆表面有瘤状突起，大部分能抽穗，但穗小，结实少，粒重轻；拔节期以后染病的植株通常无症带毒。

南方水稻黑条矮缩病典型症状
1.早期感病的矮缩病株　2.后期感病的包颈穗　3.高节位分枝及气生根
4.病株茎秆表面白色瘤状突起　5.感病水稻根系褐化、不发达（右）

三、发生规律

病原病毒及其传毒介体白背飞虱主要在越南中北部及我国海南岛和两广南部越冬，也可在缅甸北部及云南西南部少数地区越冬。根据早春气流方向及水稻播种期，越冬的带毒白背飞虱可在2—3月迁入两广南部及越南北部，随后迁入珠江流域和云南红河，4月迁至两广北部和湖南、江西南部及贵州、福建中部，5月下旬至6月中下旬迁至长江中下游和江淮地区，6月下旬至7月初迁至华北和东北南部，8月下旬后，季风转向，白背飞虱再携毒随东北气流南回至越冬区。

南方水稻黑条矮缩病周年循环

在南方稻区，早春迁入代带毒飞虱在拔节期的早稻植株上取食传毒，致使染病植株表现矮缩症状。同时，迁入的雌虫在部分感病植株上产卵，第二代若虫在病株上获毒（获毒率约80%），2～3周后带毒飞虱若虫在植株间转移为害致使初侵染病株周边稻株染病。此时早稻已进入分蘖后期，染病植株不表现明显矮缩症状，但可作为同代及后代白背飞虱获毒的毒源植株。毒源植株上产生的第二代或第三代成虫，携病毒短距离转移或长距离迁飞至异地，成为中稻或晚稻秧田及早期本田的侵染源。

中稻和晚稻秧田期，如果带毒飞虱成虫于2叶期之前进入秧田传毒、产卵，则水稻移栽前可产生下一代中高龄若虫并传毒，致使秧苗带毒率高，移栽后造成本田严重发病。如果带毒成虫在秧田后期迁入，感病秧苗带卵被移栽至本田，本田初期（分蘖前期）病株上产生的若虫会高比例获毒，这些带毒若虫在田间进行短距离转移并传毒，致使田间病株成团块分布。早稻上带毒飞虱若虫或成虫转入中、晚稻初期本田，由于白背飞虱群体带毒率比较低，只能导致少数植株染病，矮缩病株呈零星分散分布。晚稻中后期产生的带毒白背飞虱，只能造成水稻后期染病，表现为抽穗不完全或其他轻微症状。

南方水稻黑条矮缩病是典型的远距离扩散大区域流行性病害，病害发生程度取决于迁入代白背飞虱带毒率及迁入水稻秧田的带毒飞虱虫量。我国南部稻区早春（4—5月）迁入白背飞虱带毒率低于1%为病害轻发生年份，带毒率1%～2%为病害中等发生年份，带毒率大于2%则存在病害暴发流行的高风险。早稻中后期感病稻株可作为晚稻病毒侵染源，如果当地早稻病株率大于5%，且有较多的白背飞虱转入晚稻秧田，则晚稻有可能严重发病。

四、防治技术

南方水稻黑条矮缩病可防不可治。当前最高效的防控对策是分区治理、联防联控，即在毒源越冬区压缩冬种水稻面积，减少冬闲田自生稻苗，综合控制白背飞虱；在病毒早春扩繁区加强早稻病情监测，控制白背飞虱扩繁基数；在中晚稻受害区开展应急防控。应急防控应以病情监测为基础，既要避免过度施药又要避免病害成灾，实行治虫防病，治秧田保大田，治前期保后期的防控措施。

1.**防虫网覆盖育秧**　病害常发区采用防虫网覆盖秧田，阻止带毒白背飞虱迁入中稻及晚稻秧田传毒。播种前，将秧田平整成宽约1.8m的苗床，将露白稻种播入秧田后，取长约2.5m，宽5cm的竹条，插入秧田边缘5～10cm处的土中固定，将竹条弯成高70～80cm的拱架，两拱架间距50cm，播种后立即覆盖20～40目尼龙防虫网，防虫网四周用泥土压紧，移栽前2～3d揭网炼苗。

2.**药剂拌种**　采用持效期长的内吸性杀虫剂拌种，控制白背飞虱在秧苗上扩繁和传毒。每千克干稻种可选用25%吡蚜酮悬浮剂8g或10%吡虫啉可湿性粉剂10g或20%呋虫胺可溶性粒剂5g拌种。稻种浸种12h后捞出沥干，室温催芽至露白待用。将药浆加入露白稻种中缓慢搅拌，至所有种子表面均匀附着药剂，再晾干2～3h后播种。

3.**带药移栽**　俗称"送嫁药"。移栽前2～3d秧苗喷施内吸性杀虫剂，秧苗带药移栽至本田，防控白背飞虱在本田初期扩繁和传毒。所用药剂应与种子处理的药剂品种交替使用。

五、调查方法

1.**越冬白背飞虱虫口密度调查及带毒率检测** 白背飞虱可在我国华南及西南南部越冬，在冬种稻、再生稻苗、落谷苗、稻桩等越冬场所调查，用网扫法每点扫10复网次（左右摆幅3m，总共30m²以上），收集白背飞虱成虫和若虫，采用RT-PCR或血清学方法检测虫体带毒情况，计算带毒率。

2.**灯诱白背飞虱带毒率检测** 分早、中、晚稻，在每季水稻秧苗期至分蘖期，采用虫情测报灯逐日收集白背飞虱，将每日白背飞虱样品置于1.5mL或2mL小离心管中。为防止虫体腐烂，管内再放入适量经70%酒精浸润的纸布或棉球，盖紧管盖。采用RT-PCR或血清学方法检测虫体带毒情况，计算带毒率。

3.**田间病情调查** 在水稻分蘖期、拔节期和成熟期各调查1次。每个调查区选取不同品种、不同播栽期的类型田各5块，采用平行跳跃式10点取样，每点调查20丛，记载发病丛数，计算病丛率。

六、防治效果评价方法

在水稻移栽后30～45d进行防治效果调查评价。每种防治处理田调查5块田，每块田采用平行跳跃法调查5点，每点100丛水稻。调查记录病株数，计算病株率，未防治田块作为对照田，计算防病效果。

$$防治效果 = \frac{空白对照区病株率 - 处理区病株率}{空白对照区病株率} \times 100\%$$

玉 米 南 方 锈 病

一、分布与为害

玉米南方锈病（southern corn rust）是由多堆柄锈菌（*Puccinia polysora*）引起的重要叶部病害。

据报道，1879年玉米南方锈病即在中美洲和南美洲以及美国马萨诸塞州广泛存在；20世纪初，南方锈病成为巴西最重要的玉米病害之一，对易感玉米品种曾造成40%的损失；1949年和1950年，西非的塞拉利昂、尼日利亚等国家首次报道了玉米南方锈病疫情，造成了高达50%的产量损失；1952年，该病害已经扩展到乌干达、肯尼亚等国家，以及包括位于印度洋的毛里求斯共和国在内的非洲东海岸；1953年，该病在菲律宾造成80%～84%的损失；1954年，加拿大报道该病；1957年，该病在印度南部发生；1959年，该病在澳大利亚发生；1967年，该病在泰国发生，同年在美国夏威夷发生；在1972—1974年期间，玉米南方锈病扩展到美国玉米带的主要部分，造成30%～50%的产量损失；到1997年，玉米南方锈病在日本的九州等地广泛发生；至今，已经在非洲、亚洲、美洲和大洋洲的110多个国家发生。

国内1972年玉米南方锈病最早在海南报道发生；1976年在台湾报道，20世纪80年代后期大流行；1997年在浙江省淳安县秋玉米（7月播种）上大面积暴发；1998年在河北、江苏、山东和河南四省首次暴发流行；目前已报道在海南、广东、广西、福建、江西、湖南、贵州、云南、重庆、湖北、浙江、安徽、江苏、河南、陕西、山西、上海、山东、河北、天津、北京、辽宁等20多个省份发生为害。南部沿海如海南、广东、广西、福建、浙江、江苏等省份，以及安徽北部、河南南部部分地区为常年发生区。大暴发年份主要给黄淮海夏播玉米造成损失，如2015年，玉米受害面积528.9万hm^2，产量损失7.56亿kg；2021年，仅河北、河南、山东受害面积就达392.1万hm^2。玉米南方锈病对玉米生产造成的影响正在逐年加重。

二、症状特征

玉米南方锈病主要为害叶片，病原菌侵染初期会在叶片上产生分散的褪绿或淡黄色小斑点；随着病情继续发展，病原菌会突破叶片表皮组织，形成大量隆起的橘黄色、深黄色或铁锈色夏孢子堆；夏孢子堆开裂，进而散出大量的夏孢子。除叶片外，病原菌还可以侵染叶鞘、苞叶、雄穗等地上部组织。叶鞘上的夏孢子堆通常为线状开裂，呈长椭圆形或者不规则形。当叶片上的夏孢子堆密集相连后，引起叶片局部枯死，病害发生严重时，则造成整株叶片枯死。在抗病品种的叶片上仅形成小而不规则的褪绿斑或者褐色坏死斑。

玉米南方锈病病原菌形态特征及病害症状

1.多堆柄锈菌冬孢子（Crouch and Szabo，2011）　2.多堆柄锈菌夏孢子
3.叶片上的夏孢子堆　4.发病叶片干枯　5.叶鞘上的夏孢子堆
6.雄穗上的夏孢子堆　7.感病品种（左）和抗病品种（右）的症状

三、发生规律

1897年，Underwood首次描述多堆柄锈菌并命名。目前仅发现多堆柄锈菌的夏孢子和冬孢子形态，未发现性孢子。夏孢子是单细胞，淡黄色至金黄色，夏孢子表面具刺突；冬孢子是双细胞，褐色，较夏孢子色深，椭圆形或长圆形。在玉米上很少产生或不产生，或被寄主表皮覆盖，不开裂，很难观察到。目前，冬孢子在侵染循环中的作用尚不清楚。夏孢子是玉米多堆柄锈菌主要的侵染源。

夏孢子存活时间受温度影响较大。4℃、−20℃、−80℃和液氮下进行保存处理1d后夏孢子几乎不萌发；室温处理15d后，夏孢子不再萌发；一般情况下，风干病叶保存15～30d，最长可达71d，其上的夏孢子仍然能侵染发病。综上认为，多堆柄锈菌在北方夏玉米区和冬季不能种植玉米的南方地区，不能以夏孢子形式在病残体上越冬，主要以寄生和不断侵染循环的方式在玉米植株上繁殖。风把夏孢子带到玉米上，孢子萌发侵入，形成夏孢子堆，散出夏孢子，再次进入侵染循环；目前尚未发现其他循环模式，也未发现其存在转主寄主。

玉米南方锈病的侵染循环

在靠近赤道的热带亚热带地区（含境外）以及我国南部沿海省份的周年玉米种植区，夏孢子可全年生存并进行无性繁殖循环，是初始菌源地。病原菌每年通过台风或北上气流被带至亚热带和温带玉米种植区，完成远距离扩散。携带病原菌的台风发生早，涉及范围广，降雨量大，阴雨天气多的年份，利于病害暴发流行。当田间出现症状后，夏孢子通过风雨作用，完成病害的田间再侵染和扩散。

夏孢子萌发温度范围较宽（8～37℃），26～31℃区间萌发率较高，31℃以上高温下萌发率仍达5%以上；形成孢子堆适温为24～27℃；在田间环境温度24～28℃，相对湿度较高时，适合该病的流行。

四、防治技术

1. 种植抗病品种　目前生产上抗玉米南方锈病的品种逐渐增多，较抗病的杂交种有登海618、蠡玉88、中科玉505、登海605、金海702、源玉66、京农科738和荣玉1410等。

2. 合理密植，加强水肥管理　增施有机肥，加强土壤肥力，合理施用微量元素配方肥和氮、磷、钾肥，培育壮苗，提高抗病性。

3. 加强预测预报　早期发现和及时防治是控制玉米南方锈病流行的关键。因此，关注生产季节的气候状况，比如玉米生长季节的台风路径（如果台风经过台湾，并能达到本地玉米产区，预示病原菌夏孢子随风雨而来的可能性较大）、雨水和温度等，判断是否有利于病害发生，及时发布预测预报。

4. 化学防治　目前无登记的化学药剂，可用含有戊唑醇、三唑酮、苯醚甲环唑、丙环唑、嘧菌酯、吡唑醚菌酯、氟嘧菌酯等成分的药剂在傍晚喷施，喷施1～2次可有效控制病情。预防性防治，一般在抽雄前喷雾；应急性防治，需根据病情严重度、玉米生育期以及后期天气情况酌情选择是否喷雾。如多雨，应及时喷雾防治；如灌浆前发生，应及时喷雾防治；如灌浆后发生且后期少雨，可以酌情防治。

五、调查方法

采用随机5点取样法，每个样点调查20株。根据夏孢子堆面积占整株叶面积的比例分别对每株的病情严重度进行调查，调查标准如下表。

玉米南方锈病分级标准

病害级别	病情描述
1	叶片上无病斑或仅有无夏孢子堆的过敏性反应
3	叶片上有少量夏孢子堆，夏孢子堆面积占整株叶面积不超过25%
5	叶片上有中量夏孢子堆，夏孢子堆面积占整株叶面积的26%～50%
7	叶片上有大量夏孢子堆，夏孢子堆面积占整株叶面积的51%～75%
9	叶片上有大量夏孢子堆，夏孢子堆面积占叶面积的76%以上，叶片枯死

六、防治效果评价方法

施药前进行发病基数调查，施药后7d开始进行病害调查，每隔7d调查1次。采用上述方法调查不同处理用药前后的病情严重度，计算病情指数，评价防治效果，相关计算公式如下：

$$病情指数 = \frac{\Sigma（各级严重度级值 \times 各级严重度病株数）}{调查总株数 \times 严重度最高级代表值} \times 100$$

$$防治效果 = （1 - \frac{对照区施药前病情指数 \times 药剂处理区施药后病情指数}{对照区施药后病情指数 \times 药剂处理区施药前病情指数}）\times 100\%$$

马 铃 薯 晚 疫 病

一、分布与为害

马铃薯晚疫病属卵菌病害，病原为致病疫霉 [*Phytophthora infestans* (Mont.)de Bary]，属卵菌门霜霉目疫霉属。马铃薯晚疫病是一种毁灭性病害，严重威胁马铃薯产业。马铃薯晚疫病在我国各马铃薯产区均有发生，以西南产区包括贵州、云南、四川、重庆、湖北等省发生最为严重，西北产区包括甘肃、宁夏、陕西、青海、新疆等省份多雨或马铃薯生长后期雨水较充沛时发生较重。

二、症状特征

　　病原菌可侵染马铃薯叶、茎秆和薯块，导致晚疫病发生。叶片发病，多从叶尖和叶缘开始，初时产生绿褐色的水渍状褪绿斑点，斑点周围常有浅绿色的晕圈，后病斑扩大变为褐色，晕圈边缘生出一圈白色霉状物，雨后或有露水的早晨在叶背病斑边缘最明显，后逐渐扩大，近圆形，暗褐色，边缘不明显。在空气湿度大时，病斑迅速扩大直至全叶，严重时叶片萎垂发黑，可造成全株枯死，整田发病严重时远观似火烧状。茎部受害，出现长短不一的褐色条斑，天气潮湿时，表面也会长出白霉，但较为稀疏。薯块受害，初为小的褐色或稍带紫色的病斑，之后稍凹陷，病斑可扩大。切开病部，可见皮下薯肉呈褐色，且逐渐向四周及内部发展，病薯在高温下培养2～3d后，亦可长出白色霉状物。带病种薯长出的病苗，茎部条斑与地下块茎相连，称为中心病株。薯块可在田间发病引起腐烂，也可在贮藏期发病引起烂薯。

马铃薯晚疫病叶片初发症状（正面）

马铃薯晚疫病叶片初发症状（背面）

马铃薯晚疫病大发生初期叶片症状

病斑周边的白色霉状物

马铃薯晚疫病大田症状

重发田远观呈"火烧状"

马铃薯茎部发病症状

薯块褐色或略显紫色的病斑

三、发生规律

马铃薯晚疫病是一种典型的流行性病害，其发生和流行与当地的气候条件有着极为密切的关系。高湿凉爽的气候条件是晚疫病传播流行的必要条件，致病疫霉孢囊梗的形成，要求空气相对湿度不低于85%，孢子囊的形成要求相对湿度在90%以上，以饱和湿度最为适宜。通常致病疫霉孢子囊多形成于晚间，随气流扩散传播，孢子囊落在叶片上后，释放出游动孢子，通过叶片上的气孔、皮孔、角质层侵入，亦可通过伤口或芽眼的鳞片侵入。侵入过程中，必须有水膜或水滴才能萌发。孢子囊萌发的方式和速度又与温度有关，产生孢子囊的最适温度为18～22℃，极限温度为7～25℃。在发病季节，温度条件一般能够满足，如果阴雨连绵或早晚多雾、多露，病害很快就会流行。病菌侵入寄主组织后经过一段时间发育，再从气孔伸出孢囊梗，这段时间称为潜育期。潜育期的长短与环境条件、寄主的抗病性、病菌的致病力有关，在叶片上一般为2～7d，块茎上约1个月。如果病菌致病力强，种薯感病，又遇阴雨天气，则潜育期短。田间出现病株后，如48h内气温不低于10℃，相对湿度75%以上，经1个月左右田间就会出现1%的中心病株。地势低洼、排水不良或偏施氮肥造成植株徒长的田块，晚疫病易发生和流行。田间出现中心病株后，在适宜的条件下，大约10～14d，就会扩展蔓延到全田。

带病种薯是初侵染的主要来源。带病种薯不仅本身可以长出带病的芽苗，且病薯上的病原菌在土壤内可通过短距离（21cm以内）传播侵染健康薯块使其芽苗染病，亦可随着土壤溶液的移动上升，侵染接触地面的植株叶片。带病种薯萌发时，病斑上的病菌即向幼芽上蔓延，通过皮层向上发展为条斑，有的病薯或病苗的地下部分产生的孢子囊，可经雨水传到附近幼苗的地下茎或植株下部叶片上，或通过匍匐茎蔓延至附近薯块。

病害流行与品种的抗病性关系密切。感病品种无论芽期、幼苗期、花前和花后都易发病，且发病早，发病率高，蔓延速度快；而种植抗病品种可减轻病害的发生。田间植株感病时间多在开花以后，同时品种抗病性的强弱或某些抗病品种的抗性退化与病菌生理小种组成的变化有关。

地势低洼、排水不良或偏施氮肥造成植株徒长的田块，晚疫病易发生和流行。

四、防治技术

1.农业防治

（1）种植抗病品种。种植抗病品种是防控马铃薯晚疫病最经济、有效的办法，如青薯9号、陇薯7号等。选育和推广抗病品种仍有不足之处，主要表现为：一是晚疫病生理小种不断变异，使得一些显性基因控制的抗性品种逐步失去抗性优势；二是目前推广的抗性品种多为中晚熟品种，而早熟品种基本无抗性；三是目前市场上受欢迎的经济价值相对较好的均为早熟品种，如在欧洲大面积种植的宾杰（BINTJE）即为典型的高感品种。

（2）适时播种。种植早熟品种时，在做好防霜冻措施或者无霜冻威胁的情况下，提早播种，使地下块茎膨大期避开雨季，减少产量损失，该方法能够有效减轻晚疫病的为害。

（3）加强田间管理。一是选择通透气较好的沙性土壤种植，避免在低洼地或黏性重的地块种植；二是做好田间排水，雨季时降低田间湿度；三是薯块进入膨大期后培高土壤，既可减少薯块染病率，又可促进多层结薯；四是在重发生区域实行提前杀秧，于收获前7～10d铲除地上部分植株，并运出田外妥善处理，地表经晾晒后再进行收获，减少薯块染病。

（4）清除病薯。收获后将薯块放在通风处晾干，减少薯块表面病原菌的侵入。入窖前进行清选，清除病薯。播种前种薯切块，采用多把切刀轮换使用，用75%酒精或0.5%高锰酸钾溶液交替浸泡切刀5～10min进行消毒。无论脱毒薯整薯还是切块播种，都要精选种薯，发现烂薯应立即扔掉，以切断晚疫病传播来源。

（5）合理轮作。合理轮作可有效减轻马铃薯晚疫病的发生，可与禾本科、豆类等非茄科作物轮作，或者选择禾本科为前茬作物的地块。据报道，甜菜、胡萝卜、洋葱的根系分泌物对马铃薯晚疫病具有一定的抑制作用。

2. 药剂防治

（1）拌种处理。播种前对种薯进行拌种（浸种）处理，能够有效控制晚疫病的发生。拌种方法有干拌和湿拌，干拌是选用一定量的广谱性药剂，如70%丙森锌可湿性粉剂100g、50%克菌丹可湿性粉剂100g，与适量滑石粉均匀混合，再与100kg种薯混匀后即可播种；湿拌是将所选药剂配成一定浓度的药液，均匀喷洒在切好的种薯上，拌匀并晾干后播种，可选择丙森锌可湿性粉剂进行拌种。

（2）药剂防治。加强田间监测，及时发现中心病株，将根和薯块全部挖出，带出田外深埋，病穴撒石灰消毒，并开始全田喷施保护性杀菌剂进行预防。可选择丙森锌、氟啶胺、氰霜唑等保护性杀菌剂的任意一种喷雾，后视实际发病情况或监测预警信息选择内吸治疗性杀菌剂进行防控。我国西南等重发区域或在雨水集中期，可选择烯酰吗啉、氟菌·霜霉威、锰锌·氟吗啉、唑醚·代森联、烯酰·吡唑酯、霜脲·嘧菌酯、丙森·霜脲氰等内吸性治疗剂，也可选择生物药剂丁子香酚等进行防治。

国内外马铃薯晚疫病预警技术发展迅速，田间安装了监测预警系统的区域、采用CARAH为基础的监测预警系统的区域、种植高感早熟品种的区域，从第三代第1次侵染形成开始化学防治，在苗期至块茎形成期内可使用保护性杀菌剂，之后每代第1次侵染形成后可选用内吸性治疗剂进行防治。种植中晚熟品种的区域一般在第五代第1次侵染发生后进行防治，后视病情的发展 1 ~ 2 代用药 1 次，选用的药剂主要为内吸性治疗剂。

五、调查方法

根据不同区域、不同品种、不同田块类型选择调查田，每种类型田调查数量不少于5块。田块面积不足1亩则全田实查，田块面积1亩以上，采用5点取样法或平行跳跃式取样法，每块田定5点，每点查10株，调查记录各田块病株数，计算病田率和平均病株率，记入下表。

马铃薯晚疫病发生情况调查表

日期	地点	品种	生育期	调查株数	发病株数	各级严重度发病株数						病株率（%）	病情指数	备注
						0	1	3	5	7	9			

注：严重度按照每株发病叶片占全株总叶片数的比例或植株茎秆病斑大小确定级别，分为6级：0级：全株叶片无病斑；1级：个别叶片上有个别病斑；3级：全株1/4以下的叶片有病斑，或植株上部茎秆有个别小病斑；5级：全株1/4 ~ 1/2的叶片有病斑，或植株上部茎秆有典型病斑；7级：全株1/2以上的叶片有病斑，或植株中下部茎秆上有较大病斑；9级：全株叶片几乎都有病斑，或大部分叶片枯死，甚至茎部枯死。

六、防治效果评价方法

设立空白对照区、处理区，分别于末次防治后3d、7d、10d开展调查，一般采用平行跳跃法或5点交叉取样法，每块田定5～10点，每点查10株，按照严重度分级方法，调查并计算各田块病株数、病株率、病情指数、防治效果及发生程度。

1. **严重度** 按照每株发病叶片占全株总叶片数的比例或植株茎秆病斑大小确定级别，分为6级。

2. **病株率** 调查田块发病株数占调查总株数的比率。

3. **发生程度** 分为5级，即轻发生（1级）、偏轻发生（2级）、中等发生（3级）、偏重发生（4级）、大发生（5级）。以病株率为分级主要因素，发病面积占种植面积比率作参考，各级指标见下表。以作物生长季的最终病情确定当地当季年发生程度。

马铃薯晚疫病发生程度分级指标

发生程度（级）	1	2	3	4	5
病株率	0.03%～5%	5.1%～15%	15.1%～30%	30.1%～40%	40%以上
发病面积占种植面积比率	10%以下	10%～20%	20.1%～30%	30.1%～40%	40%以上

4. **病情指数和防治效果** 用以表示病害发生的平均水平，通过公式计算。

$$病情指数 = \frac{\Sigma（各严重度级值 \times 各级严重度病株数）}{调查总株数 \times 严重度最高级别数值} \times 100$$

$$防治效果 = \frac{空白对照区病情指数 - 处理区病情指数}{空白对照区病情指数} \times 100\%$$

油 菜 菌 核 病

一、分布与为害

菌核病是油菜上的主要病害，由子囊菌亚门真菌核盘菌[*Sclerotinia sclerotiorum* (Lib.) de Bary] 引起，在所有种植油菜的国家和地区均有分布，在油菜生产季节气温相对低且潮湿多雨的地区发生尤为严重。在我国，所有油菜产区均有菌核病发生，一般发病率为10%～50%，严重时可达90%以上，可致产量损失5%～40%，含油量降低1%～5%。根据历史和近年病害发生情况，可将我国油菜菌核病发生区分为3大病区：长江中下游及东南沿海重病区、长江上游和云贵高原中病区、北方和青藏高原轻病区。

二、症状特征

油菜各生育期地上部各器官部位（叶、茎、花、角果）均可感染菌核病，以花期感染为主，终花期后病害症状显最盛。但近年来，油菜苗期和蕾薹期菌核病发生面积快速扩大，可在开花前造成植株死亡。

苗期和蕾薹期感病，一般从贴近地面的根颈、茎基部开始发病，病组织软腐，形成褐色至白色病斑，病斑绕茎后植株死亡。潮湿时病部长有白色菌丝，菌丝纠结成团后形成黑色菌核。

叶片发病一般由感病的花瓣脱落掉到叶片上引起，感病后产生圆形或近圆形病斑，病斑一般呈现2～3种不同颜色的轮纹层，中央为灰褐色，边缘为深褐色，外层为淡黄色晕圈，病斑上常可见脱落下来的花瓣或花药。潮湿时病斑可快速扩展至整叶腐烂，其上长出白色絮状菌丝；干燥时病斑部位易破裂穿孔。

茎秆和分枝感病后产生长椭圆形至长条形病斑，严重时形成绕茎病斑。病斑中间为浅褐色至灰白色，边缘为深褐色，病健交界处十分明显。潮湿时病斑迅速扩展，茎秆整段变白，表面和内部均长出白色絮状菌丝，故菌核病又称"白秆病"。感病茎秆髓部逐渐消解直至中空，皮层碎裂，极易折断倒伏。感病植株逐渐干枯，呈枯黄早熟状。剥开病茎，其内可见黑色鼠粪状菌核。潮湿时也可在茎秆外形成菌核。

角果感病后产生浅褐色至白色病斑，潮湿时病斑部位长出白色絮状菌丝，角果内或表面形成黑色小菌核。感病角果内的种子一般表面粗糙，无光泽，灰白色皱秕，含油量下降。

油菜菌核病症状

1、2.苗期症状　3、4.蕾薹期症状　5.叶部症状　6.茎秆和分枝症状
7.中空的髓部和茎秆内形成的菌核　8.角果症状　9.全株症状　10.种子症状　11～14.大田症状

三、发生规律

油菜菌核病主要以菌核在种子、土壤和病残体中越冬越夏。在冬油菜区，越夏后的菌核在秋季至翌年初春可直接萌发成菌丝侵染杂草，感病的杂草通过直接接触侵染油菜幼苗。菌丝也可从油菜幼苗贴近地表处（如基部叶柄、根颈）直接侵染油菜，并形成菌核。大多数越夏越冬后的菌核于翌年2—3月萌发产生子囊盘，子囊盘成熟后释放出大量子囊孢子喷射或随风飘落到油菜花瓣上。子囊孢子可随风传播至数公里。感病的花瓣和花药落到叶片、叶柄、叶腋等处，引起发病，并蔓延至主茎和分枝；通过毗邻茎、叶蔓延至邻近植株。病原菌在发病部位形成菌核，油菜收获后菌核混入种子中或遗留在病残体、土壤中越冬越夏，完成一次侵染循环。菌核还可产生小孢子，功能尚不明确。

核盘菌

1.植株内形成的菌核　2、3.菌核萌发产生的子囊盘（一个菌核一般可产生1～9个黄褐色子囊盘，子囊盘有长柄，初为杯状，展开后呈盘状）　4、5.子囊盘内的子囊和子囊孢子（子囊棍棒状，内含8个整齐排列成一行的椭圆形、无色单细胞子囊孢子）

　　菌核病的发生流行主要受菌源、寄主抗病性、气候条件、栽培管理条件等诸多因素的影响，田间菌源量大、寄主抗性差、多雨潮湿时病害发生重。开花期与子囊孢子发生期吻合时间的长短是预测病害发生严重度的重要指标。

　　光、温、水、气等气象因素都可影响菌核病的发生。大部分油菜产区的日照、气温、风速都有利于病菌生长，一般不是限制发病的重要因素，降雨和湿度是影响菌核病发生的最大因素。油菜苗期至抽薹期适宜的降水量可保证田间土壤的相对含水量，有利于菌核萌发，增加初侵染源。开花期至角果成熟期降雨主要影响病菌的传播和扩展，降水量大则田间湿度高，病斑扩展快。在病害常发区域和年份，油菜开花期和角果发育期降水量均大于常年降水量，特别是油菜成熟前20d内降雨很多，是病害大流行的必备条件。油菜收获后5—6月降水量则与病害严重度呈负相关，主要原因可能是降雨导致土壤中的菌核腐烂而减少了侵染源。

一些栽培措施也会影响油菜菌核病的发生。轮作田，尤其是水旱轮作可降低菌核病的发生。在油菜正常播种期范围内，早播病害发生重。氮肥能促进茎叶生长，但施用过多会导致植物组织柔嫩，抵抗力差，同时枝叶过于繁茂也会增大田间湿度，有利于菌核病发生。

油菜菌核病的侵染循环

四、防治技术

主要采用"以抗病品种为基础，化学防治为加强措施，辅以农业和生物防治"的综合防治策略。

1. 种植抗（耐、避）病品种 选育抗（耐、避）菌核病的油菜品种是防治菌核病的根本途径。遗憾的是，迄今为止尚未发现对菌核病免疫的油菜品种，但品种间抗（耐、避）病的差异较大。一般而言，芥菜型和甘蓝型油菜较白菜型油菜抗病；茎秆坚硬、蜡粉多、蜡质层厚的品种抗（耐、避）病性更强；开花迟、花期集中或无花瓣的油菜可错开病原菌子囊孢子发生高峰期，减少子囊孢子侵染机会而发病较轻。在生产上可选择适宜当地种植的抗（耐、避）病品种。

2. 农业防治 水旱轮作可有效降低土壤中的菌核数量，从而减轻发病；旱地油菜可与非寄主（如禾本科作物）轮作；由于子囊孢子可随风传播，因此轮作面积不宜过小，至少在方圆100m范围内轮作。加强田间管理，培育壮苗可在一定程度上减轻菌核病的危害，具体措施包括：均衡施肥，不偏施氮肥；深翻地，将菌核埋入深土中；适时播种，播前温水浸种，剔除漂浮的小菌核和秕粒；合理密植，开沟排水，降低田间湿度；抽薹期中耕培土，破坏已出土的子囊盘；花期及时清理下部老黄病叶，减少病源。

3. 生物防治 生物防治是一种环境友好型防治技术，一般在上一季油菜收获后或当季油菜播种前撒施或喷施生防菌剂于土壤表面，通过翻耕使生防菌剂进入土壤，降低土壤中的菌核数量。目前已知对菌核病有效的生防微生物包括盾壳霉、木霉、黏帚菌、鸟巢菌、淡紫拟青霉、芽孢杆菌、假单胞菌等。

4. 化学防治 化学防治是防治菌核病最常见的方法，在预测病害可能重发的区域，可喷施杀菌剂预防控制。最佳施药时期为盛花初期，根据预测的病害严重度、天气情况等，可间隔7～10d再喷施一次杀菌剂。用于防治油菜菌核病的常见杀菌剂有咪鲜胺、腐霉利、异菌·氟啶胺、啶酰菌胺、氟唑菌酰羟胺、菌核净、多菌灵、甲基硫菌灵以及一些复配药剂。

五、调查方法

在油菜成熟收获前1周内调查菌核病的发生情况。调查时一般采用5点取样法，该方法适用于各种形状的地块。具体取样方法为：从地块四角的两条对角线的交点，即标准地正中央，以及交点到4个角的中间点等5点取样；或者在离地块四边4～10步远的各处，随机选择5个点取样，每点调查20株以上，记录每株的病情级别，计算发病率和病情指数。对于菌核病分布均匀的地块，也可采用平行线取样法，每隔若干行取一行或数行进行调查，调查总株数不低于100株。

$$发病率 = \frac{病株数}{总调查株数} \times 100\%$$

$$病情指数 = \frac{\Sigma\,(严重度级值 \times 各级株数)}{调查总株数 \times 最高级代表值} \times 100$$

油菜菌核病分级标准如下表。

油菜菌核病分级标准

病害级别	病情描述
0	无病斑
1	全株1/3以下分枝数（含果轴，下同）发病或主茎有小型病斑；全株受害角果数（含病害引起的非生理性早熟和不结实角果数，下同）在1/4以下
2	全株1/3～2/3分枝数发病，或分枝发病数在1/3以下而主茎中上部有大型病斑；全株受害角果数达1/4～2/4
3	全株2/3以上分枝数发病，或分枝发病数在2/3以下而主茎中下部有大型病斑；全株受害角果数达2/4～3/4
4	全株绝大部分分枝发病，或主茎有多个病斑，或主茎下部有大型绕茎病斑；全株受害角果数达3/4以上

六、防治效果评价方法

油菜菌核病的防治效果主要从两方面评价，一是对油菜的安全性和增产保产效果，二是对病害的控制效果。对油菜的安全性主要是杀菌剂对农药的药害情况，包括生长发育受阻程度及恢复情况。在对油菜安全无害的前提下衡量防治措施对病害的控制效果。当防治田与不防治田的发病率和病情指数差异显著时，认为防治方法有效。定量防效以发病率防效和病情指数（DI）防效来衡量，计算方法为：

$$发病率防效 = \frac{不防治田发病率 - 防治田发病率}{不防治田发病率} \times 100\%$$

$$病情指数防效 = \frac{不防治田病情指数 - 防治田病情指数}{不防治田病情指数} \times 100\%$$

大 豆 根 腐 病

一、分布与为害

大豆根腐病是指由疫霉属（*Phytophthora* spp.）、腐霉属（*Pythium* spp.）、镰孢属（*Fusarium* spp.）、拟茎点霉属（*Phomopsis* spp.）及丝核菌属（*Rhizoctonia* spp.）等多种病原卵菌与真菌引起的大豆根部及茎基部病害。受害大豆主要表现为种子、根部和茎基部等部位腐烂，造成缺苗断垄，植株萎蔫、早衰或死亡，以及大豆品质下降等问题。该病在我国北方春大豆、黄淮海夏大豆和南方多作大豆等产区广泛发生，发病田块一般减产10%～30%，严重时减产60%以上甚至绝收。

二、症状特征

不同病原菌引起的大豆根腐病具有以下症状特征：

疫霉属病原主要是大豆疫霉（*Phytophthora sojae*），引起大豆疫霉根腐病（也称大豆疫病；*Phytophthora* root rot）。该病在大豆生长的各个时期均有发生，导致烂种、死苗、主侧根和茎基部腐烂。病部绕茎向上蔓延，一般至低处茎节及分枝基部，病斑褐色或咖啡色。植株下部叶片叶脉间黄化，上部叶片褪绿、萎蔫，凋萎叶片悬挂在植株上，呈"八"字形。茎基部剖开后常见髓部变褐、片层状。

大豆疫霉根腐病地上部症状

大豆疫霉根腐病整株症状

腐霉属病原包括终极腐霉（*Pythium ultimum*）和瓜果腐霉（*Py. aphanidermatum*）等数种，引起大豆猝倒病（*Pythium* damping off）。该病在大豆生长的各个时期均有发生，其中以快速造成烂种或死苗的危害最大。幼苗下胚轴受害时，病斑初期呈水渍状，随后变软缢缩，呈黑褐色，病苗很快倒折枯死。

镰孢属病原包括尖镰孢（*Fusarium oxysporum*）、腐皮镰孢（*F. solani*）和木贼镰孢（*F. equiseti*）等数种，引起大豆镰孢菌根腐病（*Fusarium root rot*）。该病可在苗期引起死苗，致侧根和主根下部呈棕褐或黑褐色。苗期受害较轻时，可重新长出新的侧根，生长旺期常不显症，但在植株长势下降后引起早衰及枯死；根表红褐色，有时可见微小的红色小点（子囊壳），根茎皮层及维管束变褐。

大豆镰孢菌根腐病病原菌在根表产生的白色和蓝色霉层

大豆镰孢菌根腐病根部症状

大豆镰孢菌根腐病病原菌在根表形成的红色小点（子囊壳）

大豆镰孢菌根腐病导致茎基部维管束变褐

大豆镰孢菌根腐病导致大豆早衰的叶部症状

　　拟茎点霉属病原主要是大豆拟茎点种腐病菌（*Phomopsis longicolla*），引起大豆拟茎点种腐病（*Phomopsis* seed decay）。该病是贮存期和苗期大豆种子腐烂的主要原因，也会造成死苗或苗弱。近年来，该病还经常在中后期造成茎枯或茎溃疡，为害主茎、（部分）分枝、叶（脉）、花、荚、果（造成种子带菌），主茎和部分分枝常见褐色带状病斑（俗称"黑秆"）。品种间差异明显，重则整株枯萎死亡。

　　丝核菌属病原主要是立枯丝核菌（*Rhizoctonia solani*），引起大豆立枯病（*Rhizoctonia* root rot）。该病以苗期的危害尤为突出，一般在感病幼苗主根及近地面的茎基部引起红褐色、稍凹陷的病斑，皮层开裂呈溃疡状，植株枯死而不倒（故称"立枯"）。受害但未死亡的幼苗外形矮小，生育迟缓。

五类（种）病原菌引起的大豆根腐病症状
1.疫霉根腐病　2.猝倒病　3.镰孢菌根腐病　4.立枯病　5.拟茎点种腐病

　　尽管不同病原菌引起的根腐病的症状特征有一定的差异，但在田间经常是多种类型的根腐病混合发生，因此，症状比较复杂，不易区分。从病害鉴定的角度，仅仅通过直观症状来鉴别不同的大豆根腐病往往并不可靠，需要综合运用分子检测、病原菌分离鉴定等技术进行精确诊断；从病害防控的角度，我国各大豆产区的根腐病大多由卵菌（疫霉属和腐霉属）和真菌（镰孢属、拟茎点霉属和丝核菌属）复合侵染所引起，总体上应采用针对这两大类病原菌的复合杀菌剂进行有效防控。

大豆根腐病导致幼苗直接死亡

大豆根腐病导致大量植株死亡

大豆根腐病导致植株中后期早衰死亡

三、发生规律

引起大豆根腐病的病原菌可以在病残体和土壤中越冬，当大豆种子萌发后，从伤口、自然孔口侵入，或直接侵入幼根。同时，病原菌可以通过种子、病残体、土壤、雨水、灌溉水、粪肥、农事操作等途径传播和蔓延。

以大豆疫霉为例，病原菌在寄主体内定殖后形成大量卵孢子，卵孢子在病残体或土壤中可以存活多年，成为病害的主要初侵染源。卵孢子在适宜条件下萌发，可直接产生侵染菌丝，或者陆续产生孢子囊和游动孢子。游动孢子可在水中游动，并对异黄酮等大豆根部分泌物具有趋化性，接触大豆根部后形成休止孢，随后萌发并侵入寄主。侵染菌丝在发病植株中可再次产生孢子囊和游动孢子，并在田间进行扩散和再侵染。高湿、多雨气候及黏重土壤有利于孢子囊和游动孢子的形成、萌发和侵染，导致病害加剧和蔓延。游动孢子也可以随风雨和尘土等传到大豆地上部引起侵染。

大豆疫霉的侵染循环

A.与雄器交配后，藏卵器内产生单个卵孢子　B.卵孢子萌发产生菌丝及游动孢子囊
C.游动孢子具双鞭毛，能够在水中游动寻找寄主　D.休止孢萌发后侵染寄主
E.以游动孢子在田间扩散和再侵染　F.以卵孢子越冬和远距离传播

影响大豆根腐病发生和流行的因素主要有以下方面：

1.品种抗病性　大豆品种对各种根腐病的抗性存在差异，其中很少有对镰刀菌根腐病、猝倒病和立枯病高抗的品种，但许多品种可以高抗大豆疫霉根腐病和拟茎点种腐病。值得注意的是，长期单一使用特定抗病品种，容易造成病原菌新生理小种的出现，导致品种抗性丧失；弱致病力的病原菌之间通过复合侵染，也会导致抗病品种失效。

2.**种子及播种质量** 自留种或未经清选、精选等严格加工环节的种子，容易携带病原菌，且健康程度低，有利于病害的传播与发生。播种期土壤温度低则发病重；播种过深，出苗慢，幼苗长势弱，组织柔嫩，且地下的根部延长，易受病原菌侵染，使病情加重。

3.**土壤理化性质** 质地疏松、通透性好的沙壤土、轻壤土、黑土地上发病轻，黏重和通透性差的白浆土、黏土地上发病重。土壤肥沃地发病轻，土壤瘠薄地发病重。土壤含水量大，特别是低洼潮湿地，大豆幼苗长势弱，容易染病。土壤含水量过低，久旱后连续降雨导致幼苗迅速生长，根部表皮易纵裂形成伤口，有利于根腐病发生。

4.**耕作制度和栽培方式** 垄作比平作、大垄比小垄、轮作比连作大豆根腐病发生轻。垄作栽培可以进行中耕培土，使土壤疏松、通透性好、土壤含水量低；而平作栽培易发生涝害，土壤板结，使土壤含水量高，有利于病原菌繁殖，再加上大豆生长不良，抗病性弱，发病较重。轮作可避免病原菌循环发生为害。

5.**施肥和灌溉** 偏施速效氮肥会加重病害的发生，多施磷、钾肥和有机肥可减轻发病。大豆田经常灌水或受涝有利于病原菌的传播，导致病害加重。田间积水2h，大豆疫霉即可释放游动孢子并侵染新的大豆植株。

6.**害虫和杂草** 蛴螬、根潜蝇等害虫为害大豆根部，有利于根腐病发生。地上部的虫害也会加剧大豆早衰和枯萎。杂草防除不及时，导致苗弱，也有利于根腐病发生。

四、防治技术

根腐病往往对大豆造成不可逆转的毁灭性危害，病害发生之后施药挽救的效果并不显著，而且直接向根部施药也存在技术障碍。因此，大豆根腐病的防控应以预防为主，采取以抗病品种和种子处理为主的防治措施。

1.**选用抗病品种** 东北春大豆及有病害发生史的地区，优先选用抗大豆疫霉根腐病的大豆品种；黄淮海夏大豆及有病害发生史的地区，优先选用抗大豆拟茎点种腐病的大豆品种。同时，选用对镰孢菌根腐病、猝倒病和立枯病耐病性较好的品种。可根据往年田间表现，选用对不同根腐病兼具有较好抗病性的品种。

2.遵守检疫制度 大豆疫霉是我国进境植物检疫的A1类危险性有害生物,同时也是国内检疫对象。严格遵守检疫制度,避免大豆疫霉经由大豆种子、包装材料、运载工具等途径被携带扩散和远距离传播。选用正规生产(带有检疫和质量合格证明等)且未见病斑和霉腐的优质大豆种子。

3.重视种子包衣 播种前使用种衣剂进行拌种。在药剂选择上,可选用6.25%精甲霜灵·咯菌腈悬浮种衣剂等,精甲霜灵可防控疫霉和腐霉等卵菌,咯菌腈可防控镰孢菌、丝核菌和拟茎点霉等真菌。地下害虫、蚜虫、烟粉虱、蓟马和叶蝉等害虫发生严重的地区,可选用含有噻虫嗪等有效成分的种衣剂同时进行拌种。选用在大豆上正式登记的正规农药产品。

严格按照说明书确定药剂的使用量,每千克种子使用种衣剂的总剂量控制在4~8mL,种衣剂不必加水稀释。根据播种量使用拌种机、干净容器或塑料袋进行拌种;拌种过程控制在1min内,避免种子过度膨胀及机械搅拌受损。拌过的种子在阴凉处摊开晾干后备用。

4.加强苗后管理 大豆分枝期,根腐病重发区可往茎基部喷施噻呋酰胺、氟环唑、吡唑醚菌酯、精甲霜灵等药剂以减轻危害。大豆开花结荚期,适时喷施叶面肥、生长调节剂等,强健植株,预防根腐病引起的早衰。

5.其他注意事项 避免大豆连作。合理控制秸秆还田量,避免冷凉条件下播种。酌情采取垄作,适时中耕培土,创造良好的生长环境。适期播种,控制播种深度,增施有机肥、磷肥和钾肥,提高植株的抗耐病能力。低洼易涝地注意排涝降渍,避免长时间积水。清除田间病残体,减少菌源量。做好病虫草害综合治理,确保植株整体健康。

五、调查方法

选择代表性田块,在苗期、生长期、开花期和结荚期各调查1次。每块田随机5点取样,每点10株。调查每株病情严重度,计算病株率和病情指数。

病情严重度按每株茎基部、主根和须根发病轻重及症状分为5级,具体如下表。

大豆根腐病分级标准

病害级别	病害描述
0	茎基部和主根均无病斑，须根健全
1	茎基部和主根上有零星病斑，但不连片，须根上无病斑
2	茎基部和主根病斑连片，但小于根部面积的1/4，须根略有发病
3	茎基部和主根病斑占根部面积1/4～1/2，须根发病较多，但不成片
4	茎基部和主根病斑占根部面积1/2～3/4，须根病斑成片，部分须根脱落
5	茎基部和根部均被病斑包围，须根近无，或种子腐烂不萌发

病情指数计算公式如下：

$$病情指数 = \frac{\Sigma（各级严重度级值 \times 各级严重度病株数）}{调查总株数 \times 严重度最高级代表值} \times 100$$

大豆根腐病大田调查记录表

调查日期	调查地点	大豆品种	大豆生育期	调查总株数	病株株数	病株率（%）	各级严重度发病株数						病情指数	备注
							0	1	2	3	4	5		

六、防治效果评价方法

参照"五、调查方法"，对不同防治措施下的病株率和病情指数进行比较。

褐　家　鼠

一、分布与为害

褐家鼠（*Rattus norvegicus*）别名大家鼠、沟鼠、粪鼠、挪威鼠，为世界性分布的鼠种，是人类伴生种。18世纪通过俄罗斯到达欧洲，同时期到达不列颠群岛。1745年，褐家鼠到达美洲，在美洲的大规模入侵主要发生在18世纪60年代和70年代。褐家鼠在我国分布于除西藏以外的所有省份。目前西藏地区已经有褐家鼠的零星捕获记录，但还没有形成种群的报道。20世纪80—90年代，我国长江中下游地区褐家鼠大暴发，湖北、湖南、江西、安徽、四川、山东等16个省份农作物和家禽、家畜遭受严重为害。"十一五"期间，褐家鼠在我国东三省大规模成灾。我国主要粮食作物水稻、玉米、小麦都是褐家鼠的喜食作物，新疆维吾尔自治区还有褐家鼠为害棉花的报道。在作物播种期，褐家鼠主要盗食刚入播的种子，造成缺苗断垄；在灌浆期和收获期，褐家鼠盗食灌浆或成熟的种子；入库储藏期，褐家鼠是为害最重的仓储害鼠之一。褐家鼠的野栖种群还有储粮习性，一个洞内可存粮5kg，多的可达25kg。玉米田中，褐家鼠主要在灌浆期为害。褐家鼠具有一定的攀爬能力，随着玉米灌浆成熟，褐家鼠大量迁入农田，爬上玉米穗为害。以嫩玉米产出为主的甜玉米、水果玉米等品种，由于口感香甜，尤其容易吸引褐家鼠。稻田中，褐家鼠主要在水稻灌浆成熟后大量侵入稻田为害。褐家鼠能够采取跳跃的方式，直接将稻穗从顶端咬断，取食稻谷。东北地区有在田间晾晒稻谷的习惯，在此期间，也会导致褐家鼠的盗食。褐家鼠还喜食甜瓜等果蔬。在粮食作物中套种少量瓜果、蔬菜，或者瓜果、蔬菜中套种少量粮食作物，尤其容易遭致褐家鼠为害。

褐家鼠为害状

由于褐家鼠为家栖鼠，在室内除盗食粮食以及各种食物外，还损毁家具、衣服等各种器物，咬断电线引起设备故障甚至火灾。在家畜、家禽饲养场，褐家鼠除盗食饲料等，甚至咬伤家畜、家禽。此外，褐家鼠还是疾病的宿主与传播者，文献报道褐家鼠传播的疾病包括鼠疫、流行性出血热、狂犬病等22种。

二、形态特征

1. **外形** 褐家鼠为中等体形鼠类，粗壮。尾短而粗，明显短于体长，但超过体长的2/3。尾毛稀少，表面环状鳞清晰可见。头小，吻短，耳短而厚，前折不能遮住眼部。在广西桂平采集的褐家鼠样本耳朵相对薄而长，体态也相对修长。后足粗大。雌鼠乳头6对，其中胸部2对，腹部1对，鼠蹊部3对。我国北方（如东北地区）褐家鼠体形较小，成体体重为90～300g；南方地区（如海南、广东地区）褐家鼠体形较大，成体体重为180～500g。

2. **毛色** 褐家鼠毛色因年龄和栖息环境不同而异，一般体背毛色为棕褐色或灰褐色，毛基深灰色，毛尖棕色或褐色，头部和背中部毛色较深，腹毛灰白色，这是与社鼠和黄胸鼠的明显区别之一，社鼠的腹面喉胸部为硫黄色，黄胸鼠的腹毛灰黄色。足背毛白色。此外，也有全黑或全白色的个体。尾双色，上面黑褐色，下面灰白色，是区别于黄胸鼠、大足鼠的重要毛色特征。

3. **头骨** 褐家鼠头骨粗壮，颧弓粗健；眶上嵴发达，成体颅骨的顶骨两侧颞嵴平行，与颞嵴接连向后延伸至鳞骨，白齿咀嚼面有3条横嵴，老体磨损后呈板齿状，是区别于其他啮齿类动物的主要特征。亚成体及幼体颞嵴呈弧形。颧宽为颅长的47.7%～49.7%，鼻骨长，后端约与前颌骨后端在同一水平线或稍超出或不及。门齿孔达第一上白齿基部前缘水平。上白齿具三纵列齿突，横嵴外齿突趋向退化，第一上白齿的第一横嵴外齿突不明显，齿前缘无外侧沟。听泡长为颅长的17%～17.2%。

4. **主要鉴别特征** 褐家鼠是最常见的鼠种之一。其外形的典型特征是体形粗壮，尾短粗，尾长明显短于体长。最主要的解剖学鉴别特征是成体头骨颞嵴平行。

褐家鼠形态

三、发生规律

1. **栖息地**　褐家鼠以家栖为主，在我国仅在东北地区大量分布于田间、山林。褐家鼠最喜欢阴暗潮湿、杂乱肮脏的场所，管理不善的仓库、厨房、畜圈、垃圾堆和阴沟等是最宜滋生褐家鼠的场所。在田间喜欢栖息于临近水源的堤坡、杂草丛生的田埂。褐家鼠有群居习性，族群成员尤其雄性个体间存在等级现象。

2. **洞穴**　洞穴构造比较复杂。在居民区一般有2～4个洞口，大都在墙角下或阴沟中，通常一个进口，洞口处有颗粒状松土堆，内口光滑；洞道长50～210cm，分支多，地下洞深达150cm，有时能到室外或另一室；一般只有1个窝巢，呈碗状，多利用破布、烂棉絮、兽毛、废纸等物筑巢。在野外一般2个洞口，少数3～4个；常用稻草、杂草、粟、黍茎叶等筑巢。

3. **食物**　褐家鼠为杂食性动物，取食食物与栖居环境有关。褐家鼠取食所有的粮食、蔬菜及瓜果类作物，如稻谷、玉米、小麦、小米、葵花子、南瓜子、花生米、豆类、马铃薯、苹果、梨等。家栖褐家鼠还取食鱼、肉、蛋和人们的剩饭等。在粮库中以粮食为主；在冷库中以肉食为主；在养殖场的取食饲料，甚至咬死小鸡偷食鸡蛋；栖居在农田中的以盗食农作物为主；在河边湖畔的则喜食鱼类、软体动物和两栖类。褐家鼠也取食小型啮齿动物、昆虫、鸟类及其卵。可见，褐家鼠在食性方面适应能力极强。

4. **活动规律**　以夜间活动为主，但不是典型的夜行鼠类，日间各个时段也有活动。日落后活动强度显著升高，以日落后2h左右和黎明前活动频率最高。大部分在以居民点为中心的0.5km范围内活动，有报道其活动范围能够超过2km。具有较强的"新物回避习性"，对新放置的食饵不立即取食，也不随便进入诱捕器，通常需要1～2d的观察、试探。随季节变化，褐家鼠在居民区和田间迁移为害。在南方双季稻区，每年4月大量迁入田间，11月晚稻收割后迁到居民区。但由于南方气候适宜，在田间也能全年为害。在我国北方地区（如东北三省），褐家鼠每年6月开始大量迁入田间，10月随庄稼成熟，田间数量达到高峰，10月底至11月初迁入农舍。在农区形成以村屯为核心栖息地，随季节而迁移的栖息习性。然而，迁移都不是全部的，夏、秋室内和冬季田野都会留存一部分褐家鼠。

5. **繁殖特征**　褐家鼠生殖力极强，雌鼠产后1～2d又能交配受孕。胎仔数8～14只，孕期21d，约3月龄性成熟。我国不同农业生态系统环境、气候差异显著，不同生态区褐家鼠繁殖也存在较大差异。广东地区褐家鼠全年都能繁殖，性成熟种群体重180～200g，这一发育阶段雌性开始受孕，雄性附睾中能够检测到成熟精子的存在。广东地区褐家鼠繁殖的季节性差异不大，每年3—4月和9—10月呈现两个妊娠高峰，雄性睾丸平均重量也以这两个时期最大；每年最炎热潮湿的6—8月是相对的繁殖低谷。在这一地区，褐家鼠种群数量季节性波动较小，以两个妊娠高峰后期及其后1～2个月为相对数量高峰期。

长江流域褐家鼠全年都能繁殖，性成熟种群体重100～130g，这一发育阶段雌性开始大量受孕，雄性附睾中多能见成熟精子。这一地区褐家鼠种群在每年4—5月和9—10月呈现两个妊娠高峰，种群数量每年6—8月形成第一个高峰，11月形成第二个高峰。

黑龙江地处寒温带，是我国最北端的省份。这一地区褐家鼠种群呈现明显的季节性繁殖特征。性成熟种群体重80～100g，这一发育阶段雌性开始大量受孕，雄性附睾中多能见成熟精子。这一地区褐家鼠种群在每年5—6月开始进入妊娠高峰，9月开始妊娠率急剧下降。农田中种群数量每年6月以后开始进入高峰期，整个春、夏季维持较高的水平，10月底至11月开始急剧下降。

6. **社群结构与婚配行为**　褐家鼠社群存在一种稳定的、近乎线性的社群等级，尤其是雄性，其社群等级与年龄相关。在不熟悉的个体相遇时，一般较大的个体在竞争中获胜。然而一旦一个群体中个体的社会地位稳定之后，优势个体将能够长期维持这种优势地位。在一个稳定群体内，年龄而不是个体大小是个体社会地位更好的决定性因素。经常，优势个体的体形比从属个体体形还要小。这种社群等级现象称为"固定优势"。在这种情况下，优势雄鼠有优先获得食物的机会。尽管社群内雄鼠存在明显竞争食物及配偶的现象，但处于低等级的从属个体能够通过调整取食方式接近食物。同时，不存在优势雄鼠独享与发情雌性交配权的可能，很多从属雄鼠也能够获得交配的机会，甚至比社群地位更高的个体获得更多的交配机会。之所以出现这种与社群地位不相关的交配机会的现象，与褐家鼠的交配行为有关。褐家鼠雌性发情期一般为1d，发情期的雌鼠被多只雄鼠尾随，雄鼠通过爬跨竞争获得与雌性的交配机会。在这种情况下，雄性为避免追逐雌性时失去交配的机会，个体之间很少有机会相互影响或相互竞争，因此优势雄鼠不可能独享与发情雌性的交配权。在这期间，雌性与不同的雄性频繁地发生交配，但雌性的交配是有选择的，在与单一的雄性建立较弱关系的同时，也与其他雄性存在一定程度的混交现象。

四、防治技术

1. **农业防治**　农业防治措施主要是指与农田耕作相结合，通过改变和恶化鼠类栖息及生存环境以抑制鼠类种群数量，控制鼠类为害的方法。结合褐家鼠的生物习性，主要农业防治措施如下：①统筹安排农田布局，减少田埂、田间草地、荒地面积，以减少褐家鼠栖息地及避难所。②在有条件的情况下，尽可能同一种作物大面积连片种植，可以有效减少鼠类的为害。③轮作、倒茬，加强田间管理，对闲置地进行伏翻、冬翻，破坏鼠类的栖息环境和食物条件，可有效降低鼠类的数量。④及时秋收，减少成熟作物在田间留存的时间，减少秋收期褐家鼠的盗食。⑤提高储藏条件，减少农作物在场院晾晒时间，加强储藏场所防鼠设施，降低褐家鼠在作物储藏期为害及越冬。

2. **生物防治**　褐家鼠的天敌主要包括食肉类小型哺乳动物如猫、黄鼠狼，以及经过训练的狗。猛禽类如猫头鹰、爬行动物如蛇类也捕食褐家鼠。猫作为大众化饲养的宠物，对居民区褐家鼠具有非常好的控制作用。猫的存在，除了对褐家鼠的捕食作用，猫及其活动留下的气味对褐家鼠具有很强的威慑作用，可以有效减轻褐家鼠的为害。但生物防治主要对低密度种群有较强的控制作用，一般无法控制暴发式褐家鼠为害。因此生物防治主要作为一种辅助措施，与其他措施相结合，才能有效控制鼠类的为害。

3. **物理防治**　器械灭鼠是使用比较悠久的物理防治方法。器械灭鼠不适于在农田等较大范围控制鼠类为害，但可以用于较小范围鼠害的控制、鼠密度调查等。鼠夹是最常用的器械，北方褐家鼠防治可以选用中号鼠夹，南方褐家鼠防治可以选用大号鼠夹。TBS（trapping barrier system）技术是近年来农业农村部门大力推广的一项技术，非常适宜于农牧交错带鼠类的控制。其原理是通过在用铁丝网围起来的小面积农田中种植早熟或鼠类喜欢的作物，引诱农田中的鼠类取食，在铁丝网的底部开口，为鼠类的通行留下通道，但在入口处设置捕鼠装置，从而达到长期控制鼠类数量的目的。对于褐家鼠的治理，TBS中可以种植早熟玉米、甜玉米、甜瓜、花生等作物作为诱饵。

4. **化学防治**　化学防治对于控制大规模暴发性鼠害仍是目前最为有效的措施。在目前以生态学理念为基础的鼠害综合治理策略框架中，要求谨慎使用化学防治技术。这项技术，目前主要用于暴发性鼠害的应急治理。褐家鼠家野两栖，食性杂，并且具有"新物回避"的习性，这些习性对褐家鼠化学防治中诱饵的选择、布放提出了很高的要求。

（1）诱饵。褐家鼠食性杂，不同环境可以选择不同毒饵。如村屯、房舍区褐家鼠的防治，在仓房等食物充足的场所，可以选择褐家鼠爱吃的花生、油条等作为饵料；缺失水源、比较干燥的场所，可以直接用甘薯等含水分较多的饵料，甚至直接用毒水。农田等大范围灭鼠，从成本考虑，目前还是以小麦或大米为主要饵料。为提高农田防鼠效果，防鼠时期选择在播种期或出苗期比较好，这一时期，田间食物相对稀少，放置的毒饵对褐家鼠具有更好的吸引力。而从拟合褐家鼠的取食行为来讲，无论是村屯、房舍区还是农田环境，毒饵站的使用可以使毒饵的使用效率最大化。毒饵站可以防止猪、狗、鸡、鸭等动物误食，并且拟合褐家鼠钻洞、溜墙根，喜欢阴暗遮蔽环境等习性，能够极大提高毒饵的吸引力。目前已经有商品化的毒饵站出售，如农田中可以选择常见的PVC管毒饵站。

（2）杀鼠剂。鼠类防治必须选择已经注册登记的各类杀鼠剂及相关制剂。目前我国主要化学杀鼠剂为抗凝血剂类杀鼠剂，如敌鼠钠盐、溴敌隆等，可以有效防治鼠类的为害。常用杀鼠剂主要包括第一代抗凝血杀鼠剂杀鼠灵、敌鼠、敌鼠钠、氯鼠酮、杀鼠醚，第二代抗凝血杀鼠剂溴敌隆、溴鼠灵、氟鼠灵，以及生物杀鼠剂雷公藤甲素等。具体使用剂量应参照杀鼠剂说明书。

五、调查方法

鼠害的调查需要由专业技术人员开展。选择具有代表性的农舍、农田两种生境类型进行调查。农田监测范围不小于60hm²；农舍不少于50户。

1. **监测时间** 系统监测点南方（淮河秦岭以南，不包括青海、西藏；以下称为南方）省份每月调查1次，北方（淮河秦岭以北，包括青海、西藏；以下称为北方）省份3—10月每月调查1次。季节监测点在3月、6月、9月、12月各调查1次，其他监测点在春、秋两季灭鼠前各调查1次。

2. **监测方法**

（1）夹夜（日）法。调查工具为规格150mm×80mm或120mm×65mm大型或中型木板夹或铁板夹。用生花生仁或葵花籽作为饵料。每月5—15日选择晴朗天气，傍晚放置清晨收回（夹日法为清晨放置24h后收回），雨天顺延。每月在各生境类型地分别置夹200个以上。农舍以房间为单位，15m²以下房间置夹1个，15m²以上每增加10m²增加鼠夹1个，置夹重点位置是墙角、房前屋后、畜禽栏（圈）、粮仓、厨房及鼠类经常活动的地方。农田采用直线或曲线排列，夹距5m×行距50m或夹距10m×行距20m，特殊地形可适当调整夹距。置夹重点位置是田埂、地埂、土坎、沟渠、路旁及鼠类经常活动的地方，鼠夹应与鼠道方向垂直。对捕获鼠用乙醚熏蒸5min，以杀死附着在其上的寄生虫，鼠解剖后，深埋处理；捕鼠后鼠夹和解剖工具用医用酒精等消毒液浸泡、清洗。

（2）TBS围栏监测。选择面积200～400hm²的连片田地，沿每块田边单侧设置1个直线形开放式TBS围栏或1个矩形封闭式TBS围栏，围栏采用长60m、孔径≤1cm的金属网。根据地块特点和田间管理需求，在适合的田块边缘（田埂）位置按直线方式固定围栏，地上部分高

45cm，埋入地下的深度为15cm。沿围栏边缘每间隔5m平齐地面剪1长宽约5cm的洞口，洞口下缘需与地面平齐。沿围栏边缘埋设捕鼠筒，上底面向上埋至与地面齐平，直线一边紧贴金属网洞口，共埋设捕鼠筒12个。TBS围栏监测设备放置时间为作物播种前10d至收获后1个月。每天早晨检查每个捕鼠桶，及时取出桶内捕获鼠，清理土块、垃圾等落入物。每天记录捕获鼠所在的桶编号，以及鼠种、性别、体重、体长、雌性胚胎数及雄性睾丸下降状况等指标。在条件允许的情况下，将害鼠冻存于−20℃冰柜，留待制作标本。

（3）物联网智能监测。鼠害物联网智能监测是以物联网技术为基础，融合机器视觉、模式识别、大数据、深度学习等技术，实现害鼠365d×24h连续动态监测和智能识别分类的方法。设备安放方式：①田间沿着田埂下（靠边、无水）、地边，在鼠活动明显的鼠道摆放，进出口需与田地垄沟或地平面平行放置；②农舍布放在鼠经常活动的场所（厨房、畜禽圈或粮仓等），侧面贴墙放置，保持监测设备两端开口畅通。每个农田监测点安装3～5个监测终端，设备间距超过100m，相当于每月100～150个夹日（夜）。每个农户监测点放置设备1套，连续30d布放，相当于每月30个夹日（夜）。系统通过可视化数据分析监测区域鼠种分布、群落结构、种群数量、生物量动态、密度趋势、行为节律等，同步可实现监测源数据查询和系统异常实时预警。用户可登录中国鼠害信息网实时查看。每月需定时为物联网智能监测设备充电、清洁内部空间，避免野外采集设备长时间浸泡水中。

六、防治效果评价方法

1. 防治效果调查

（1）鼠夹法。适用于农田或农舍区，在投放毒饵前1d及投放毒饵后15～30d，采用夹夜法调查鼠密度（捕获率），根据投放毒饵前和投放毒饵后鼠密度计算防治效果。

$$防治效果 = \frac{投放毒饵前鼠密度 - 投放毒饵后鼠密度}{投放毒饵前鼠密度} \times 100\%$$

（2）粉迹法。适用于农舍区，采用20cm×20cm滑石粉块，厚度1mm，沿墙基、楼道等鼠类经常活动的地方布放，每15m²房间布放2

块，共布放粉块100块以上，晚放早查，统计有鼠迹粉块数（阳性粉块数）和有效粉块数，计算粉块阳性率和防治效果。

$$粉块阳性率 = \frac{阳性粉块数}{有效粉块数} \times 100\%$$

$$防治效果 = \frac{投放毒饵前粉块阳性率 - 投放毒饵后粉块阳性率}{投放毒饵前粉块阳性率} \times 100\%$$

2. 危害损失调查

（1）受害株（穴、蔸）率。在作物生长期内，根据作物选择3～6 hm²的样方，采用平行线跳跃式取样，调查作物受害情况，计算受害株（穴、蔸）率。

$$受害株（穴、蔸）率 = \frac{受害株（穴、蔸）数}{调查株（穴、蔸）数} \times 100\%$$

（2）损失率。用目测法判断作物的单株（穴、蔸）危害损失（损失率划分为损失0、损失>0～25%、损失>25%～50%、损失>50%～75%、损失>75%～100% 5个级别），计算损失率。

$$损失率 = \frac{\sum [各级损失率 \times 各级受害株（穴、蔸）数]}{调查株（穴、蔸）数} \times 100\%$$

图书在版编目（CIP）数据

一类农作物病虫害防控技术手册/农业农村部种植业管理司，全国农业技术推广服务中心编.—2版.—北京：中国农业出版社，2023.12
ISBN 978-7-109-31624-9

Ⅰ.①一…　Ⅱ.①农…②全…　Ⅲ.①作物–病虫害防治–手册　Ⅳ.①S435-62

中国国家版本馆CIP数据核字（2023）第247404号

一类农作物病虫害防控技术手册
YILEI NONGZUOWU BINGCHONGHAI FANGKONG
JISHU SHOUCE

中国农业出版社出版
地址：北京市朝阳区麦子店街18号楼
邮编：100125
责任编辑：阎莎莎　杨彦君
版式设计：王　晨　　责任校对：吴丽婷　　责任印制：王　宏
印刷：北京缤索印刷有限公司
版次：2023年12月第2版
印次：2023年12月北京第2版第1次印刷
发行：新华书店北京发行所
开本：880mm×1230mm　1/32
印张：5.5
字数：175千字
定价：39.00元